上　篇
苹果常见病虫害

苹果常见病害

苹果白粉病

症状：主要为害嫩枝、叶片、新梢，也为害花及幼果。病部满布白粉是此病的主要特征。幼苗被害，叶片及嫩茎上产生灰白色斑块，发病严重时叶片萎缩、卷曲、变褐、枯死，后期病部长出密集的小黑点。大树被害，芽干瘪尖瘦，春季发芽晚，节间短，病叶狭长，质硬而脆，叶缘上卷，直立不伸展，新梢覆满白粉。生长期健叶被害呈凹凸不平状，叶色浓淡不均，病叶皱缩扭曲，甚至枯死。

病原：白叉丝单囊壳 [*Podosphaera leucotricha* (Ell. et Ev.) Salm.]，属子囊菌门白粉菌目叉丝单囊壳属；无性阶段 *Oidium* sp.，属半知菌类真菌。

发病规律：病菌以菌丝在芽内越冬。春季芽萌发时，越冬菌丝迅速扩展，并产生大量分生孢子，随风传播，蔓延侵染嫩叶、新梢、花器和幼果。经过短时期的重复侵染，产生大量分生孢子梗和分生孢子，在病部组织表面形成白粉。受气候影响，该病1年内在春季和秋季形成2次发病高峰，其中以春季至夏初为全年的主要发病时期和为害严重时期。对于绝大多数果区而言，4月的降雨次数和降水量与该年病害发生的严重程度高度相关，降雨多、空气潮湿则该年病害发生重。

防治措施： ①在增强树势的前提下，要重视冬季和早春连续、彻底剪除病梢，减少越冬病原，结合生长期喷药保护进行防治，方能收到较好的效果。②化学防治的关键在萌芽期和花前花后的树上喷药。硫制剂对此病有较好的防治效果。萌芽期喷3波美度石硫合剂。花前可喷0.5波美度石硫合剂或50%硫悬浮剂150倍液。发病重时，花后可喷施25%三唑酮可湿性粉剂1 500倍液或43%戊唑醇悬浮剂6 000倍液。

苹果白粉病为害叶片症状

苹果白粉病为害嫩梢症状

苹果白粉病菌闭囊壳（小黑点）

苹果斑点落叶病

症状：病斑中央淡褐色，外缘紫红色，病斑中央多褐色小点，而有深浅相间的轮纹，高湿条件下，病斑背面产生黑色霉层。为害富士等抗病品种，病斑多为1～5毫米的小病斑，很少能扩展成大的病斑；为害红星(元帅系品种)等感病品种，病斑能扩展成10～20毫米的大斑，形成叶枯状，并很快导致落叶。病菌也可以侵染果实，造成黑色斑点，尤其是当果面有裂纹时，更容易遭受斑点落叶病菌的侵染。

病原：链格孢苹果专化型 (*Alternaria alternaria* f. sp. *mali* Roberts)，其侵染和传播主要依靠分生孢子来完成。

发病规律：病菌以菌丝体在被害叶、枝条上越冬，第二年4～6月产生分生孢子，随风雨传播，侵染为害。苹果斑点落叶病全年有2次侵染高峰，第一次是春梢始生长期，第二次是秋梢始生长期，以第二次发生严重，容易造成病叶大量脱落。

防治措施：①严格清园。秋冬认真扫除落叶，剪除病枝，集中深埋。②药剂防治。重点保护早期叶片、立足于防。雨季前，在5月中下旬喷施一次保护性杀菌剂，其余时间根据降雨情况喷药，在降雨前喷施保护性杀菌剂。防治药剂包括代森锰锌、多抗霉素(或称多氧霉素)、异菌脲和苯醚甲环唑等。喷药时间越接近降雨效果越好，如雨后1天喷施药剂其防效要远高于雨后3天喷施药剂的治疗效果。

苹果斑点落叶病为害叶片症状（富士品种）

苹果斑点落叶病为害叶片症状
（元帅系品种）

苹果斑点落叶病为害果实症状

苹果树腐烂病

症状：主要有溃疡型和枝枯型两种症状类型。溃疡型发病初期病部红褐色，稍隆起，组织松软，有酒糟味，常流出黄褐色汁液。后期病部失水下陷，长出黑色小点（分生孢子器），雨后小黑点上溢出金黄色的丝状或馒头状孢子角。枝枯型多发生在二～四年生小枝上。病部扩展迅速，常呈现黄褐色与褐色交错的轮纹状斑。春季发病的枝枯型斑，病部以上枝条很快干枯，后期病部也长出许多黑色小粒点。

病原：有性态为苹果黑腐皮壳（*Valsa mali* Miyabe et Yamada），属子囊菌门黑腐皮壳属；无性态为壳囊孢（*Cytospora mandshurica* Miura），属无性态菌类壳囊孢属。

发病规律：病菌以菌丝体、分生孢子器、分生孢子角及子囊壳在病树皮内越冬。孢子主要靠雨水传播，冬季修剪等造成的伤口、拉枝造成的分枝处裂口等是腐烂病菌侵入的主要途径，修剪工具的交叉感染是病菌实现侵染的主要渠道。病菌侵入后如树体抗病力强，可长期潜伏，如树势弱，即可发病。一般每年3～5月为第一次发病高峰；其他季节病害在树皮上以及木质部内会继续扩展，尤其是病菌在寄主组织内部的扩展，是病害经常复发的主要原因。

防治措施：

(1) 修剪防病：①改冬季修剪为早春修剪。②在阳光明媚的天气修剪，避开潮湿（雾、雪、雨）天气。③剪刀或锯一旦接触到病枝后，一定要喷修剪工具消毒液对工具进行消毒。④修剪当天对剪锯口进行药剂保护，可涂甲硫萘乙酸。

(2) 喷药防病：①苹果树发芽前（3月）和落叶后（11月）喷施铲除性药剂，药剂可选用45％代森胺水剂300倍液。②生长季节针对其他病害进行喷药时，一定要兼顾树干。

(3) 病斑刮治：①无论任何季节，见到病斑要随见随治，越早越好。②将病斑刮净后，对患处涂抹菌清或甲硫萘乙酸。

(4) 壮树防病：①合理施肥。提倡秋施肥，有机肥施入量要占全年的60％，有机肥缺乏地区建议施用复合微生物菌肥3～5千克/株；有研究表明，苹果树腐烂病的发生量与树体内钾元素的含量呈高度负相关关系，树体内钾含量越高，则病害发生越轻，钾含量达到1.3％时，对树皮接种腐烂病菌，也不能导致病害发生。②合理负载，及时疏花疏果，控制结果量。③对易发生冻害的地区，提倡落叶后对树干及主枝向阳面涂白。

试验表明，树干向阳面涂白后，在下午2～3时天气最热时，白色表面与不涂药的树皮相比，周年温度能够降低9℃，这样能极大地减轻阳光对树皮的伤害。

苹果树腐烂病溃疡型症状

苹果树腐烂病枝枯型症状

天气潮湿时在病斑上出现的小黑点和黄色孢子角

苹 果 干 腐 病

症状：多发生在枝干嫁接部位、剪锯口以下或树皮日灼的部位，树皮出现暗褐或黑褐色、湿润、不规整的病斑，可沿树干一侧向上扩展，边缘有裂缝，未显病部位显现铁锈色。病部可溢出茶褐色黏液，有霉菌味，后失水成干斑。病部环缢枝干即造成枯枝。病皮上密生小黑粒点。雨后小黑点可释放出灰白色孢子角或黏液。与枝枯型腐烂病症状的区别在于干腐病病部的小黑点小而密，颜色较深。

病原：葡萄座腔菌（*Botryosphaeria dothidea*），属子囊菌门真菌。

发病规律：苹果干腐病菌以菌丝体、分生孢子器及子囊壳在枝干发病部位越冬，第二年春季病菌产生分生孢子进行侵染。病菌分生孢子随风雨传播，经皮孔侵入，更易从伤口侵入，也能从死亡的枯芽侵入。干腐病菌可以侵害衰弱植株或枝干以及移植后处于缓苗期的苗木。干腐病的发生与树皮含水量有关，当树皮水分含量低于正常情况时，病菌扩展迅速，反之，扩展很慢。

防治措施：①加强苗木及幼树管理。苗木移栽和运输过程中要保持根部湿润，不能马上定植的应先假植并浇足水。加强幼树栽培管理，使幼树健壮生长，增强抗病能力。②清除菌源。不用苹果和杨柳枝作撑棍，及时捡净落果、清除残枝，于园外销毁。③休眠期防治。晚秋或早春应检查幼树枝干、根颈部位，冬剪时对剪锯口一定要做好药剂保护。发现病斑应及时刮治并涂刷甲硫萘乙酸或腐殖酸铜等。药剂防治，以春季萌芽前喷施代森胺水剂200倍液、40％氟硅唑乳油8 000倍液、20％丙环唑乳油2 000倍液等铲除剂或内吸杀菌剂为主，应对病斑及时刮治。④生长季防治。正常年份第一遍药应在落花后10天开始，不宜拖延。可选用80％代森锰锌可湿性粉剂（喷克或大生M-45）500～800倍液，或70％甲基硫菌灵可湿性粉剂800～1 000倍液、43％戊唑醇悬浮剂4 000倍液等。

苹果干腐病为害枝干症状

苹果干腐病致皮层翘起

苹果干腐病致皮层纵横开裂

苹果根癌病

苹果根癌病，俗称根瘤病或根肿病，是各苹果产区常见的一种病害。尤其在苗圃中发生较多。除为害苹果外，梨、桃、葡萄、李、杏、樱桃、花红、枣、木瓜、板栗等均可被害。

症状：主要发生在根颈部，有时也发生在侧根上。初发病时，为灰色至淡褐色小瘤，表面粗糙不平，内部组织松软，肉质。癌瘤增生长大，外层细胞枯死变暗褐色，内部细胞木质化。癌瘤大小不一。病株生长缓慢，树势衰弱，矮小，严重时叶片黄化，早衰。观察发现，砧木和品种亲和性不好时，养分的上下疏导不畅，地下部出现根癌的概率加大。

病原：根癌土壤杆菌 [*Agrobacterium tumefaciens* (Smith et Towns) Conn]，属土壤杆菌属细菌。

发病规律：根癌病菌在自然条件下能长期存于土壤中，因此土壤带菌是病害的主要侵染来源。病菌由伤口侵入，从侵入到表现明显症状，一般需2～3个月。病菌从伤口侵入，不断刺激寄主细胞增生膨大，以致形成癌瘤。土壤结构和酸碱度对发病有一定影响，一般偏碱性的疏松土壤有利于发病。

防治措施：①选用无菌地育苗，苗木出圃时，要严格检查，发现病苗应立即淘汰。建立无病果园。②苹果苗嫁接时，应尽可能采用芽接法，芽接法比劈接法嫁接的苗木发病少。砧木苗用抗根癌菌剂（如K84菌剂）浸根后定植，可控制病菌侵染。③加强树体和根部保护，加强地下害虫防治，减少各种伤口，以减少被侵染的机会，减轻发病。④刨除病根，在伤口外涂药保护。如发现大树有根发病，应该刨走病根和病瘤，伤口处涂抗菌剂波尔多液或20％壳寡糖柠檬酸盐愈伤剂水剂200倍液，或晾根换土。⑤果树根部培土。部分果树根部病瘤发生较重，在刨除病根涂药后，可以在根部以上培土10厘米左右，土中可以添加生根剂，促进培土埋住的主干生根，从而提高果树吸收水肥能力，起到壮树防病的作用。

苹果根癌病为害幼树症状

苹果根癌病严重发生症状

苹果根癌病为害状

从苹果根上切下的癌瘤

苹果根癌病癌瘤

苹 果 褐 斑 病

　　苹果褐斑病又称绿缘褐斑病，是导致苹果早期落叶的主要病害。该病在各苹果产区均有发生，其中以中部黄河故道和西南云贵川果区发生尤为严重，黄土高原苹果产区近年也有加重的趋势。病害流行年份，落叶率高达80％以上。

　　症状：叶上初期病斑为褐色小点，后发展成3种类型的病斑，即同心轮纹型、针芒型和混合型。此病的典型症状特点是产生不规则褐色病斑，边缘不清晰，周缘有绿色晕圈，病叶无病斑部分易褪绿变黄。病斑上由黑色小粒点或黑色菌索构成同心轮纹或针芒。同心轮纹型和混合型病斑叶背呈棕褐色。病菌也可侵染果实形成紫褐色斑点。

　　病原：有性阶段为苹果双壳孢 (*Diplocarpon mali* Harada et Sawamura)，属子囊菌门真菌；无性阶段为苹果盘二孢 [*Marssonina mali* (P. Henn.) Ito.]，属无性菌类真菌。

　　发病规律：苹果褐斑病菌在越冬病叶上能产生拟分生孢子和子囊孢子两种类型的孢子。在北方果区，拟分生孢子于3月初至6月底形成，高峰期出现在5月中旬。子囊孢子于5月中旬至6月底成熟，可以随气流传播侵染树体上部叶片，是导致苹果褐斑病后期流行的主要初侵染菌源。8月下旬褐斑病发生达高峰期。

　　防治措施：①合理修剪，注意排水，改善园内通风透光条件。②秋、冬季清扫果园内落叶及树上残留的病枝、病叶，深埋或销毁。③喷药保护。北方果区一般5月下旬至6月底是子囊孢子的初侵染期，也是全年防治褐斑病的第一个关键时期。7月为褐斑病的指数增长期，也是全年防治褐斑病的第二个关键时期。一般从5月中旬开始喷药，隔15天1次，共3～4次。在6月中下旬开始使用波尔多液（1∶2∶200），每隔1个月用一次，波尔多液喷施后20天左右喷施一次其他常用药剂，如70%甲基硫菌灵可湿性粉剂800倍液、80%代森锰锌可湿性粉剂500倍液、75%百菌清可湿性粉剂800倍液、43%戊唑醇悬浮剂4 000倍液、10%苯醚甲环唑可湿性粉剂2 000倍液、40%氟硅唑乳油8 000倍液等。注意在幼果期避免喷用波尔多液，否则易产生果锈。

苹果褐斑病典型症状

苹果褐斑病混合型病斑

被害叶片产生小黑点和菌索

苹果褐斑病为害果实症状

苹果黑星病

　　苹果黑星病在我国东北和西北果区常年都有发生，降雨较多的年份发生较重，近年在黄土高原产区也发现该病的为害，应给予高度的关注。

　　症状：苹果黑星病可以使叶、叶柄、嫩梢、花、果实、果梗等受害。主要为害叶片和果实。叶片染病，初现黄绿色圆形或放射状病斑，后变为褐色至黑色；上生一层黑褐色绒毛状霉层。果实染病，初生淡绿色斑点，圆形或椭圆形，渐变褐色至黑色，表面也产生黑色绒状霉层，病斑逐渐凹陷，硬化，常发生星状开裂。果实储藏期病菌一般不再侵染。

　　病原：苹果黑星病菌 [*Venturia inaequalis*(Cooke) Wint.]，属子囊菌门格孢腔菌目黑星菌属。

　　发病规律：苹果黑星病菌以菌丝体在溃疡枝或芽鳞内越冬。子囊孢子于翌年春季发育成熟，其发育适温为20℃；湿度也是子囊孢子形成的重要条件，子囊孢子的释放取决于雨水的有无。子囊孢子易随气流传播。病菌也可被蚜虫携带传播。分生孢子发芽后侵入寄生组织，潜伏期8～10天，子囊孢子发育期则为9～14天。病菌的再侵染靠分生孢子完成，果园分生孢子以5月中下旬至7月上中旬最多，也是侵染的最佳时期，末期在10月上中旬，此期间如气候湿润、微风即有利于该病流行。

防治措施：①加强栽培管理。增施有机肥，低洼积水地注意及时排水，改良土壤，以增强树势。②清除初侵染源。挖除果园内重病树、病死树、根蘖苗，清除病根，锯除发病枝干，及时刮除病苗子实体集中深埋。③保护树体避免造成伤口。④药剂防治。防治苹果黑星病可用40％氟硅唑乳油6 000倍液、40％腈菌唑可湿性粉剂6 000倍液、10％苯醚甲环唑水分散粒剂3 000倍液、43％戊唑醇悬浮剂3 000倍液等，结合施用保护性杀菌剂80％代森锰锌可湿性粉剂500倍液。且注意对早期落叶病等其他病害和各种害虫的防治，保护未发病和新生叶片，施药时要均匀周到，避免产生药害，尽量保护更多的叶片不脱落。

苹果黑星病为害叶片症状

苹果黑星病为害果实症状

苹 果 花 腐 病

　　苹果花腐病是东北、秦岭高地、渭北高原、四川等高海拔果园较常见的病害。

　　症状：苹果花腐病主要为害花、叶、幼果及嫩梢。叶片染病，形成红褐色不规则形病斑，多沿叶脉从上向下蔓延至病叶基部，致叶片萎蔫下垂或腐烂，形成叶腐。遇雨或空气相对湿度大时，病斑上产生灰霉。染病叶片在花丛中发病时，常蔓延至叶柄基部，致花梗染病变褐或腐烂，病花或花蕾萎垂形成花腐。果实染病，当果实长至豆粒大小时，病果果面出现水渍状溢有褐色黏液的褐斑，常产生发酵气味。受害严重的幼果果肉变褐腐烂，造成果腐，失水后形成僵果。

　　病原：苹果链核盘菌［*Monilinia mali*（Takahashi）Whetzel］，属子囊菌门核盘菌属真菌。

　　发病规律：病菌以落地病果、病叶、病枝上的菌核越冬，翌春果树萌芽时，菌核开始萌发产生子囊孢子，随风传播侵染，引起叶腐和花腐。病叶、病花上产生的分生孢子随风传播，侵入花的柱头而引起腐烂。春季萌芽展叶期多雨低温，有利于孢子萌发及传播侵染，同时低温使花期延长，增加了侵染机会。一般山地果园发病较重。

防治措施：

（1）农业防治：①清扫果园。春秋季清扫落叶、落果，剪除病枝，清除初侵染源。②果园深耕，地面施药。早春或秋后深耕，深度要达到15厘米，将地面病果深埋，防止形成子囊盘。

（2）药剂防治：①春季果树萌芽前喷施一遍3～5波美度石硫合剂。②生长季在初花期喷1次药（如花期低温潮湿，果树物候期延长，可于盛花末期再喷1次药），选用的药剂有30％戊唑·多菌灵悬浮剂600～800倍液、45％异菌脲悬浮剂1 200～1 500倍液、50％多菌灵悬浮剂600～800倍液、40％嘧霉胺悬浮剂1 000～1 500倍液、3％多抗霉素可湿性粉剂300倍液等。

苹果花腐病为害花瓣症状

苹果花腐病为害花序症状

苹果花腐病为害幼果症状

苹果花叶病毒病

苹果花叶病毒病在我国各苹果产区都有发生。花叶病毒病除为害苹果、花红、海棠果、山楂等果树外，还可为害梨、木瓜等。

症状：苹果花叶病毒病主要在叶片上形成各种类型的鲜黄色病斑。病害轻重不同，症状变化很大，大致有5种类型：斑驳型、环斑型、花叶型、条斑型和镶边型。常见的是花叶型和条斑型。花叶型病斑鲜黄色至黄白色，大小不规则，有时病斑连成片；条斑型主要表现为沿叶脉失绿，病斑呈黄白色，严重时叶缘枯焦。这两种类型的花叶病毒病均可导致落叶。在自然条件下，各种类型症状多在同一病树上混合发生。各症状类型还有许多变化和中间型，因而常出现症状的多种组合。

病原：苹果花叶病毒病是由一种球状植物病毒*Apple mosiac virus*（ApMV）侵染引起的。苹果树感染花叶病毒后，全身都带有病毒，并不断增殖终生为害。

发病规律：该病可由汁液和嫁接传播。该病的发生轻重与树势强弱具有一定相关性，树势强，该病发生轻。

防治措施：①选用无毒的接穗和砧木，注意工具消毒，避免通过修剪环节造成病毒在树体之间的传播。②发现病株要做好标记，病树不多时可以考虑彻底刨除。如病树较多则要考虑增施有机肥，通过增强树势来减轻病害对树体的伤害。③从外地调苗时要加强检疫。④由于病原可以在梨树上长期潜伏，所以要避免苹果和梨混栽。⑤发病初期每亩喷施菌毒克80克或吗胍乙酸铜200克能够起到一定防治效果。

苹果花叶病毒病为害症状

苹果花叶病毒病为害症状

苹 果 轮 纹 病

苹果轮纹病又名粗皮病、轮纹烂果病,是我国苹果生产中的重要病害之一,大部分的苹果产区都有发生。

症状:苹果轮纹病主要为害枝干和果实。病菌侵染幼枝首先引起瘤状突起,随着侵染的继续,病瘤开裂,病瘤周边的皮层裂开翘起。病斑中央产生小黑点。当病害发生严重时,病斑连片发生,枝干表皮十分粗糙。被侵染的果实通常在近成熟期开始出现病斑,初期形成以皮孔为中心的水渍状的近圆形褐色斑点,随后很快向周围扩散,典型的病斑表面具有深浅相间的同心轮纹。

病原:子囊菌门葡萄座腔菌 (*Botryosphaeria dothidea*),该病菌也是干腐病的病原。干腐病和轮纹病是同一种病原在不同环境条件下表现出的不同症状。当树势较强时,多出现病瘤症状,而一旦树体缺水或在伤口部位,则多表现为干腐。

发病规律:病菌以菌丝体、分生孢子器或子囊壳在病组织内越冬,是初次侵染和连续侵染的主要菌源。病原于春季开始活动,随风雨传播到枝条和果实上。枝干上以5～7月侵染最多;果实上从落花后的幼果期到8月上旬侵染最多。

防治措施:

(1) 铲除越冬菌源:①刮除枝干病斑。发芽前将枝干上的轮纹病斑与干腐病斑刮干净并集中处理，减少病菌的初侵染来源。刮除病斑或病瘤后要及时涂药，可选用甲硫萘乙酸或腐殖酸铜等。②清理枯死枝。修剪落地的枝干要及时彻底清理；不要使用树木枝干做果园围墙篱笆；不要使用带皮木棍作支棍和顶柱。

（2）加强栽培管理：建园时选用无病苗木，定植后经常检查，发现病苗及时淘汰；平衡施肥，增加树体抗病能力；合理疏果，严格控制负载量。

（3）生长期喷药保护：可选用1：（1～2）：（200～240）波尔多液、甲基硫菌灵、苯醚甲环唑、代森锰锌、多菌灵、氟硅唑、戊唑醇等，根据情况选择以上药剂并交替使用。对套袋果实，防治果实轮纹病的关键在于套袋之前用药。谢花后和幼果期可选择喷施质量好的有机杀菌剂，禁止喷施代森锰锌和波尔多液等药剂。

苹果轮纹病为害果实的初期症状、发展症状及典型症状

轮纹病菌在小枝上造成的同心轮纹状病斑及扁球形病瘤

苹果轮纹病病果纵切

苹果轮纹病为害枝干症状

苹 果 煤 污 病

　　在果实生长后期潮湿多雨的地区苹果煤污病发生较多。近年在河北、山东、陕西等地发生较重，果面往往布满煤烟状污斑，影响果实外观和降低商品价值。煤污病除为害苹果外，还能为害多种果树、野生林木和灌木。

　　症状：煤污病发生在果皮表面，形成褐色或深褐色不规则形煤烟状污斑，边缘不清晰，用手容易擦掉。发生严重时，果面常布满煤污状斑。严重影响果实外观和果实着色。枝条发病，其表面散出绿色菌丛，削弱枝条生长。

　　病原：苹果煤污病的病原菌有多种，包括 *Leptodontidium elatius*, *Peltaster fructicola* , *Gaestrumia polystigmatis* 等。

　　发病规律：病菌以菌丝和分生孢子器在苹果芽、果台、枝条上越冬。第二年春以分生孢子和菌丝随风、雨、昆虫传播。侵染叶、枝、果实表面，自6月上旬至9月下旬均可发病。侵染集中于7月初至8月中旬，高温多雨季节繁殖扩展迅速，可多次再侵染。凡树冠郁密、管理粗放的果园，防治不及时，可在半月内果面污黑，严重发病。

　　防治措施：①冬季清除果园内落叶、病果、剪除树上的徒长枝集中深埋，减少病虫越冬基数。②夏季管理，5月下旬至6月上中旬进行果实套袋。7月对郁闭果园进行2次夏剪，疏除徒长枝、背上枝、过密枝，使树冠通风透光，同时注意除草和排水。③发病初期药剂防治，可选用1∶2∶200波尔多液、50%多菌灵可湿性粉剂800倍液、70%甲基硫菌灵可湿性粉剂800倍液、77%氢氧化铜可湿性粉剂500倍液、75%百菌清可湿性粉剂800～900倍液。

苹果煤污病病果

苹 果 霉 心 病

苹果霉心病在渤海湾、黄河故道、西北高原等主要苹果产区都有发生,元帅系苹果品种受害较重。

症状: 在发病初期剖开病果观察,果实心室内出现褐色不连续的点状或条状小斑,其后多数小斑融合成褐色斑块,心室中出现橘红、墨绿、黑灰或白色霉状物。有些病果,病菌突破心室壁扩展到心室外,引起果肉腐烂。症状发展大致可分为心室小斑型、心室大斑型、心室腐烂型和果肉腐烂型4种类型,病变果肉轮廓不规则,有时干缩,呈海绵状。在生长期,霉心病果从外观不易识别辨认,病果易脱落,落地后继续霉烂。

病原: 霉心病是由多种弱寄生菌混合侵染造成的。以链格孢(*Alternaria alternata*)出现概率最高,其次为粉红单端孢(*Trichothecium roseum*)、棒盘孢(*Coryneum* sp.)、节孢状镰刀菌(*Fusarium arthrosporioides*)、狭截盘多毛孢(*Truncatella angustaza*)等。

发病规律: 霉心病菌以菌丝体潜伏于苹果芽鳞、枝梢、果台及病僵果中越冬,翌年以孢子传播侵染。霉心病具有早期侵染的特性,病菌自花瓣张开后经花柱侵入,通过萼心间组织进入果心。花期多雨的年份霉心病发生较重。病菌侵入后在果心内呈现潜伏侵染状态,随着果实发育和病菌的扩展逐渐发病,至储藏期带病果继续发病，使果实霉烂。生长季发病果实极易脱落。

防治措施：①加强栽培管理。搜集落果，秋季翻耕土壤，冬季剪去树上各种僵果、枯枝等，均有利于减少菌源。②药剂治疗。发芽前喷5波美度石硫合剂或40％氟硅唑乳油8 000倍液、35％丙·多2 000～3 000倍液等铲除性杀菌剂。在初花期和盛花期喷药1～2次，常用70％甲基硫菌灵可湿性粉剂1 000倍液、1.5％多抗霉素可湿性粉剂200～300倍液等，可有效降低采收期的心腐果率。另外，生长期喷0.4％硝酸钙+0.3％硼砂2～3次，也能降低采收期的心腐果率。③加强储藏期管理。对发病较重果园采摘的果实，应单存单储。采收后24小时内放入储藏窖中，窖温最好保持在1～2℃，病菌在果内的扩展速度会明显减慢。

苹果霉心病病果

苹果霉心病病果

苹 果 炭 疽 病

苹果炭疽病又称苦腐病，在全国各苹果产区均有发生，尤其是夏季高温、多雨、潮湿地区，发病更为严重。

症状： 主要为害果实，也可为害枝干和果台。果腐为常见的典型症状，在果面出现淡褐色至红褐色小斑，扩展后变成褐至黑褐色圆斑，凹陷，边缘清晰，剖切后可见病斑下面果肉变褐呈锥形向果心腐烂。病斑表面常出现轮纹状排列的黑色小粒点，潮湿条件下出现肉红色黏状的分生孢子团。

病原： 有性态为围小丛壳 [*Glomerella cingulata* (Stonem.) Spauld. et Schrenk]，属子囊菌门真菌；无性阶段为胶孢炭疽菌 [*Colletotrichum gloesporioides*]，属无性菌类真菌。

发病规律： 病菌以菌丝在树上的小僵果、潜皮蛾为害的小枝、干枯果台以及小枯枝等部位越冬。翌年，5～6月开始，遇潮湿天气，产生分生孢子，成为初侵染来源，分生孢子遇雨分散，随雨滴飞溅、风夹雨或雨水流淌传播。果实发病后，病菌产生分生孢子，发生再侵染。病害发生的时间与降雨早晚、数量、次数有直接关系。高温多雨季节为发病盛期。果实在储藏期遇到适宜条件，仍可发病。

防治措施：

(1) 农业防治：①加强栽培管理。改良土壤，合理密植和修剪，注意通风排水，降低果园湿度，均衡施肥。②清除病源。结合冬剪，清除枯死枝、病虫枝、干枯果台及僵果并销毁。生长期发现病果和僵果及时摘除，集中深埋。

（2）药剂防治：病重果园，苹果发芽前喷1次5波美度石硫合剂。生长期，从幼果期（5月中旬）开始喷第一次药，每隔15天左右喷1次，连续喷3～4次。炭疽病的防治用药可参见果实轮纹病。还可选用40％福美双·福美锌可湿性粉剂250倍液、40％咪鲜胺水剂1 200倍液、43％戊唑醇悬浮剂4 000倍液、70％代森联水分散粒剂800倍液等。

苹果炭疽病病果

苹果炭疽病病果

苹果炭疽叶枯病

炭疽叶枯病是2011年才在我国正式报道的一种苹果新病害，最早在河南、安徽、江苏三省交界处的夏邑、砀山、丰县等苹果产区发生，造成苹果叶大量脱落。现已扩展到山东、河北、陕西、山西和辽宁等苹果主产省。

症状： 发病初期在叶片上出现近圆形病斑，病斑边缘暗褐色。病斑分为急性病斑和慢性病斑。①急性病斑。在高温高湿条件下扩展迅速，1～2天即可蔓延至整个叶片，导致叶片变黑，呈焦枯状，极易脱落。②慢性病斑。当环境不适宜时，病斑扩展停止，病斑周围健康组织褪色变黄，病叶极易脱落。果实感病，在果实上形成直径小于3毫米的近圆形坏死斑，病斑稍凹陷，周围有红褐色晕圈。

病原： 有性世代为子囊菌门围小丛壳（*Glomerella cingulata*）；无性世代为果生刺盘孢（*Colletotrichum fructicola*）和隐秘刺盘孢（*C. aenigma*）。

发病规律： 该病菌主要在果台枝、弱小枝条上越冬，翌年春末夏初气候适宜时遇有降雨开始初侵染。7～9月有连阴雨时，病菌可多次再侵染，潜育期短只要48小时。在金冠、秦冠、嘎拉、乔纳金等品种上为害严重，富士表现抗病。管理粗放的果园发生严重。

防治方法：①种植抗病品种。富士系品种抗病，连年发病较重地区可以对感病品种高接换头。②农业防治。清除田间越冬病菌。5月剪除枯死枝，尤其是小枯死枝、果台枝。防止果园郁闭。③化学防治。坚持治疗剂和保护剂交替使用，治疗性杀菌剂包括25％吡唑醚菌酯乳油、75％肟菌·戊唑醇水分散粒剂、50％咪鲜胺可湿性粉剂等，保护性杀菌剂包括1：2：200波尔多液、70％代森联水分散粒剂等。3月喷一遍高浓度的波尔多液；7月以后以波尔多液为主体，中间交替使用保护性杀菌剂和内吸性杀菌剂。

苹果炭疽叶枯病初期病叶

苹果炭疽叶枯病慢性型病叶

苹果炭疽叶枯病急性型病叶

苹果炭疽叶枯病大量落叶及为害果实症状

苹果套袋果实黑点病

苹果黑点病是苹果实行套袋后出现的新问题，在我国各苹果主产区均有发生，严重年份果实发病率可达30％以上。

症状：苹果黑点病主要为害果实，影响外观和食用价值。枝梢和叶片也可受害。果实染病，初期围绕皮孔出现深褐色或墨绿色病斑，病斑大小不一，小的似针尖状，大的直径5毫米左右。病斑形状不规则稍凹陷，病部果肉有苦味，后期病斑上可产生小黑点，即病原菌子座或分生孢子器。

病原：该病的病原较为复杂，病原真菌如苹果柱盘孢菌（*Cylindrosporium pomi* Brooks）、粉红单端孢（*Trictothecum roseum* Link.）、苹果茎点菌（*Phoma pomi* Pass）和链格孢（*Alternaria* spp.）等被认为是引起该病的病原。也有研究认为乱跗线螨、康氏粉蚧等害虫取食是诱发病害的原因。

发病规律：黑点病多发生在套袋果实上。黑点病菌越冬场所十分广泛，腐生性较强，能抵抗不良的环境条件。春季病菌随气流传播，在苹果花后首先侵染果实的萼片和花器的残余组织，在萼洼内大量繁殖。高海拔地区发病轻，海拔1 000米以下种植区发病重；同一果树树冠中部的果实发病最重；使用透气性好、表面吸水性差、柔软性好、抗张性好的纸袋的发病轻，反之发病重。

防治措施：①及时清除病残体并捡拾落果，集中深埋。②萌芽前树体喷5波美度石硫合剂或70％甲基硫菌灵可湿性粉剂500倍液。苹果花开30％和90％时各喷1次杀菌剂，有很好的防控作用。北方地区如花期遇雨，可于落花后喷药1次。可用50％多菌灵可湿性粉剂800倍液或70％甲基硫菌灵可湿性粉剂1 000倍液与50％异菌脲可湿性粉剂1 000倍液、10％多氧霉素可湿性粉剂1 000倍液或3％多抗霉素可湿性粉剂300倍液混配。也可选择80％代森锰锌可湿性粉剂800倍液、70％百菌清可湿性粉剂600倍液、43％戊唑醇悬浮剂4 000倍液和10％苯醚甲环唑水分散粒剂3 000倍液等。为防治由乱跗线螨引起的黑点病，可以在套袋前喷药时混配螨类驱避剂或杀螨剂。

套袋果实黑点病病果

套袋果实黑点病病果

苹 果 锈 病

　　苹果锈病又称赤星病,可引起苹果树落叶、落果和嫩枝折断。我国各苹果产区均有发生。但因该病是转主寄生病害,所以只在有转主寄主的地区或城市郊区发病才比较重。

　　症状:为害叶片、新梢、果实。叶片先出现橙黄色、油亮的小圆点。后扩展,中央色深,并长出许多小黑点(性孢子器),溢出透明液滴(性孢子液)。此后液滴干燥,性孢子变黑,病部组织增厚、肿胀。叶背面或果实病斑四周,长出黄褐色丛毛状物(锈孢子器),内含大量褐色粉末(锈孢子)。发病严重时导致叶片焦枯脱落。

　　病原:山田胶锈菌或苹果东方胶锈菌 (*Gymnosporangium yamadai* Miyabe),属担子菌门真菌。

　　发病规律:以菌丝在柏树枝条内越冬,第二年春天形成褐色冬孢子角。雨后或空气极潮湿时,冬孢子角吸水膨胀,萌发产生担孢子,随风雨传播到苹果或梨树上。桧柏是该病菌的主要转主寄主,桧柏的有无、多少和分布,春季3～4月降雨和气温,是决定苹果锈病发生和流行的主要因素。若果园周围5千米以内无桧柏,就无菌源,不会发病。

　　防治措施:①铲除桧柏。苹果产区禁止种桧柏。风景旅游区有桧柏的地方,不宜发展苹果、梨园,两者应相距5千米以上。②冬春应检查桧柏上是否出现菌瘿、"胶花"，出现应及时剪除，集中销毁。苹果发芽至幼果拇指大小时，在桧柏上喷1～2波美度石硫合剂，全树喷药1～2次。③喷药保护。防治锈病重点是果树萌芽后的第一和第二次大的降雨(超过10毫米)中侵染的病菌，用药1～2次即可。可用20%三唑铜(粉锈灵)可湿性粉剂1 000～1 500倍液、50%甲基硫菌灵可湿性粉剂600～800倍液，或40%氟硅唑乳油8 000倍液。

苹果锈病病叶正面症状及病菌性孢子器

苹果锈病病叶背面症状及病菌锈孢子器

病菌在桧柏上产生的冬孢子角
（李保华 摄）

苹 果 锈 果 病

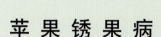

苹果锈果病俗称花脸病,是由类病毒引起的传染性病害。在我国各苹果产区均有发生,有的果园病株率高达10%以上,并有扩展蔓延趋势。亦为害海棠、花红和梨。重病果实表现畸形龟裂,不堪食用,失去商品价值,为害损失严重。

症状:病果症状有锈果型、花脸型和锈果花脸复合型3类。锈果型在果顶部产生5条向果肩延伸的铁锈色木栓化的条斑,病斑极浅,有时锈斑开裂,病果发育受阻。花脸型表现在果实着色后果面有黄绿或红绿相间的斑块,果面不平。

病原:病原为苹果锈果类病毒(*Apple scar skin viroid*,Assvd)。

发病规律:锈果病的病原物在病树中越冬,主要靠病接穗及砧木通过嫁接传播。梨树也为感病寄主。苹果品种间抗病性有差异,耐病品种有黄魁、金冠、祝光等,中感品种有红玉、印度、大国光等,高感品种有富士、国光、元帅、红星、青香蕉等。

防治措施:①严格执行检疫。新建果园栽植无病苗木是彻底避免发病的有效措施(应对苗木进行锈果类病毒的检测)。此外建立新苹果园时应远离梨园150米以上,避免与梨树混栽;严格选用无病的接穗和砧木,培育无病苗木。②在同一行只有一两棵病树时，砍除病树、病苗。对于一行中有多株病树的，采用间隔刨除和改接非高感病毒的品种（如金冠）。③施用腐熟有机肥，健壮树势，锈果病症状有明显减轻趋势。病毒钝化制剂亦有使用。④避免嫁接、修剪传病。嫁接时应选择多年无病的树为取接穗的母树；不用修剪过病树的剪、锯修剪健树；修剪工具要消毒。

锈果型病果

不同发病程度的花脸型病果

苹果常见害虫

桃 小 食 心 虫

桃小食心虫（*Carposina sasakii* Matsumura）属鳞翅目蛀果蛾科，又名桃蛀果蛾。该虫分布较广，蛀食为害苹果、桃、梨、山楂、枣和酸枣等果实。

为害状：以幼虫蛀食果实，蛀果孔口流出白色胶状物。幼虫在果内纵横串食，使果面凹凸不平，造成"猴头果"。后期幼虫食量增加，排粪增多，充斥果内，造成"豆沙馅"。

形态特征：成虫体灰白色，雌虫体长约7毫米，雄虫略小。前翅前缘中部有一蓝黑色三角形大斑，翅基和中部有7簇黄褐或蓝褐色斜立鳞毛。卵圆筒形，深红色，卵壳端部1/4处环生2～3圈Y形突起。老熟幼虫体长约15毫米，桃红色，无臀栉。蛹长约7毫米，淡黄褐色。越冬茧扁椭圆形，蛹化茧纺锤形。

发生规律：桃小食心虫一年发生1代，部分个体2代，以老熟幼虫在3～13厘米深的土壤中做扁圆形冬茧越冬。翌年6月越冬幼虫出土，在地表土块、落叶等底下做椭圆形夏茧化蛹，蛹期约14天，6月下旬至7月上旬蛹开始羽化成虫。成虫羽化后很快交配产卵，卵产在果实的花萼处。初孵幼虫在果面上短暂爬行，寻觅适当部位，啃咬果皮钻入果内。幼虫在果内为害20～25天后脱果入土做茧越冬。

防治措施：①人工防治。果实套袋，摘除虫果。②药剂防治。从5月中旬开始在树上悬挂桃小食心虫性引诱剂诱捕器，当性诱剂诱捕器连续3天诱捕到雄蛾时开始地面防治，可使用48％毒死蜱乳油或50％辛硫磷乳油500倍液喷洒地面，然后耙松土表，20天后再喷施1次。当性诱剂诱捕器诱蛾出现高峰时开始树上喷药，连喷2次。有效药剂有200克/升氯虫苯甲酰胺悬浮剂3 000～4 000倍液、20％氟苯虫酰胺水分散粒剂2 500～3 000倍液、4.5％高效氯氰菊酯乳油1 500～2 000倍液、5％高效氯氟氰菊酯乳油1 500～2 000倍液等。

桃小食心虫为害果实状

桃小食心虫幼虫

桃小食心虫成虫

桃小食心虫卵
（张怀江　摄）

桃小食心虫夏茧（上）和冬茧（下）
（张怀江　摄）

苹 果 蠹 蛾

苹果蠹蛾〔*Cydia pomonella* (L.)〕属鳞翅目卷蛾科，是一种检疫性害虫。目前在我国西北、东北等地有发生。寄主主要有苹果、梨、花红、海棠、杏、桃和核桃等。

为害状：以幼虫蛀果为害，取食果肉及种子，幼虫入果后直接向果心蛀食。果实被害后，蛀孔外部逐渐排出黑褐色虫粪，堆积于果面上，并有果胶流出，为害严重时常造成大量落果。

形态特征：成虫体长约8毫米，体灰褐色，前翅臀角处有深褐色椭圆形大斑，内有3条青铜色条纹。卵椭圆形，极扁平，像一薄蜡滴，后期中央部分呈黄色，并显出1圈红色斑点。老熟幼虫体长约16毫米，头黄褐色，体多为淡红色，前胸盾片淡黄色，臀板上有淡褐色斑点。蛹黄褐色。

发生规律：苹果蠹蛾一年发生2～3代，以老熟幼虫在树干粗皮裂缝内、翘皮下以及树洞中结茧越冬。当春季日均气温高于10℃时越冬幼虫开始化蛹。在新疆3个世代的成虫发生高峰分别出现在5月上旬、7月中下旬和8月中下旬，有世代重叠现象。成虫昼伏夜出，有趋光性。卵散产于叶片和果实上，每雌蛾产卵40粒左右。初孵幼虫先在果面上爬行，寻找适当处蛀入果内，幼虫有转果为害习性。老熟幼虫脱果后爬到树干缝隙处或地上隐蔽物下结茧化蛹，也有的在果内、包装物内及储藏室内化蛹。

防治措施：①加强产地检疫，杜绝被害果实外运。②果实套袋。③树干上绑诱虫带诱杀老熟幼虫；及时摘除虫果并捡拾落地虫果；果树发芽前刮除枝干粗翘皮，破坏害虫越冬场所。④性诱剂迷向干扰交配。果园内种群密度较低时，使用每根含有苹果蠹蛾性诱剂120毫克的胶条迷向丝，于苹果初花期挂在树冠上部，每亩悬挂60～70根。⑤灯光诱杀。⑥苹果蠹蛾卵期释放赤眼蜂。⑦化学药剂防治。关键是在每代卵孵化至初龄幼虫蛀果前及时喷药。监测方法和药剂种类参考桃小食心虫防治措施。

苹果蠹蛾成虫

苹果蠹蛾幼虫及为害状

果实上的苹果蠹蛾卵

苹果蠹蛾蛹

黑色诱集带诱集
苹果蠹蛾越冬幼虫

苹果树上挂迷向丝干扰苹果
蠹蛾交尾

梨 小 食 心 虫

梨小食心虫〔*Grapholitha molesta* (Busck)〕属鳞翅目卷蛾科，又名梨小蛀果蛾，简称梨小。分布很广，各大果区都有发生，主要寄主有苹果、桃、梨、杏、李等多种果树。

为害状：前期为害嫩梢，后期为害果实。幼虫在嫩梢髓内蛀食，使被害梢枯死、折断。幼虫蛀入果内取食果肉，并深入果心，食害种子。幼虫从蛀孔内排出大量虫粪，引起虫孔周围腐烂变褐。

形态特征：成虫体长6～7毫米。前翅黑褐色，前线有7～10组白色短线纹，翅外绕中部有一灰白色小斑点，近外缘处有10个黑色小斑。卵近似圆形，扁平稍隆起，淡黄白色。老熟幼虫体长约12毫米，体背面淡红色。头浅褐色，前胸背板黄白色，有臀栉。蛹长约6毫米，黄褐色。

发生规律：梨小食心虫在北方果园一年发生3～4代，以老熟幼虫在树干翘皮下、剪锯口等处结茧越冬。翌年越冬代成虫在4月中下旬羽化，越冬代和第一代成虫主要产卵在果树嫩梢上，最喜欢为害桃梢，第一代和第二代幼虫蛀食果树嫩梢；未套袋果园第三代和第四代幼虫主要蛀食果实，而套袋果园仍然为害果树嫩梢。

防治措施：果实套袋是预防梨小食心虫为害果实最经济、

最环保有效的措施。对未套袋的果园，一定要采取下列综合防控措施控制其对果实的为害。①人工防治。早春刮树皮，消灭在树皮下和缝隙内越冬的幼虫；秋季幼虫越冬前，在树干上绑缠诱虫带诱杀越冬幼虫；春季及时剪除被害桃梢，只要发现嫩梢端部的叶片萎蔫，就要及时剪掉；随时摘除虫果，并捡拾落地虫果。②诱杀成虫。春季用糖醋液诱杀成虫，或用诱虫灯诱杀成虫。树上挂迷向丝干扰交配。③生物防治。在成虫产卵期释放赤眼蜂。④在成虫羽化高峰期喷药防治初孵幼虫，有效药剂有氯虫苯甲酰胺、氟苯虫酰胺、高效氯氰菊酯、氰戊菊酯、甲氰菊酯、高效氯氟氰菊酯等。

梨小食心虫为害果实状

梨小食心虫幼虫及为害状

梨小食心虫为害桃梢状

为害苹果嫩梢的梨小食心虫幼虫

老翘皮下越冬的梨小食心虫幼虫

草绳诱集的梨小食心虫越冬幼虫

绣 线 菊 蚜

绣线菊蚜（*Aphis citricola* Van der Goot）属半翅目蚜科，别名苹果黄蚜、苹叶蚜虫。此虫分布极其广泛，寄主有苹果、绣线菊、海棠、木瓜、麻叶绣球、榆叶梅、樱花、山楂等。

为害状：以成蚜和若蚜刺吸嫩叶和嫩梢的汁液，叶片被害后向背面横卷，影响新梢生长及树体发育。

形态特征：无翅胎生雌蚜体长约1.6毫米，长卵圆形，多为黄色。有翅胎生雌蚜体长约1.5毫米，近纺锤形。无翅若蚜体肥大，腹管短。有翅若蚜胸部较发达，具翅芽。卵椭圆形，长0.5毫米，初淡黄色，后漆黑色，具光泽。

发生规律：绣线菊蚜一年发生10多代，以卵在枝杈、芽旁及枝干皮缝处越冬。翌春寄主萌动后越冬卵孵化为干母，4月下旬于芽、嫩梢、新叶的背面为害10余天即发育成熟，开始进行孤雌生殖直到秋末，只有最后1代进行两性生殖。5月下旬至6月繁殖最快，是虫口密度迅速增长的为害严重期。7～9月雨季虫口密度下降，10月开始无翅产卵雌蚜和有翅雄蚜交配产越冬卵。

防治措施：①果树休眠期喷施5％矿物油乳剂或3～5波美度石硫合剂，杀灭越冬卵。②药剂防治。在虫口密度较大而天敌较少时，可喷施吡虫啉、啶虫脒、烯啶虫胺、氟啶虫胺腈、吡蚜酮、阿维菌素、丁硫克百威、高效氯氰菊酯等药剂进行防治。③保护利用天敌。蚜虫天敌主要有瓢虫、草蛉和食蚜蝇等，尤其是在我国中南部小麦产区，麦收后麦田的瓢虫、草蛉等蚜虫天敌大量转移到果园，成为抑制蚜虫发生的主要因素，此时应减少果园喷药，以保护这些天敌。

绣线菊蚜为害果实

绣线菊蚜越冬卵

绣线菊蚜和异色瓢虫幼虫

捕食绣线菊蚜的食蚜蝇幼虫

捕食绣线菊蚜的龟纹瓢虫

捕食绣线菊蚜的草蛉幼虫

苹 果 绵 蚜

苹果绵蚜（*Eriosoma lanigerum* Hausmann）属半翅目绵蚜科，又名苹果绵虫。国内分布于辽宁、河北、山东、云南和西藏等地，该虫为国内检疫对象。除为害苹果外，还为害花红、海棠。

为害状：苹果绵蚜群聚为害枝、干和根，主要集中在剪锯口、病虫伤疤周围、主干主枝裂皮缝里、枝条叶柄基部和浅根处为害。被害部位大都形成肿瘤，肿瘤易破裂，其上被覆许多白色绵毛状物，易于识别。

形态特征：无翅胎生雌蚜长2毫米左右，体红褐色，头部无额瘤，复眼暗红色，腹部背面覆盖白色绵毛状物。有翅胎生雌蚜体长较无翅胎生雌蚜稍短，头、胸部黑色，腹部暗褐色，覆盖绵毛物少些，翅透明，前翅中脉分叉。有性雌蚜体长约1毫米，头和足黄绿色，腹部红褐色，稍有绵毛物。卵长径约0.5毫米，椭圆形。

发生规律：苹果绵蚜一年发生10多代，以一～二龄若蚜在枝干裂缝、伤疤、剪锯口、枝芽侧以及根颈基部越冬。翌年4月气温达9℃时，越冬若虫开始活动，5月上旬开始扩散，以孤雌胎生的方式大量繁殖无翅雌蚜。5月下旬至7月上旬为全年繁殖高峰期。7～8月气温较高，不利于苹果绵蚜繁殖，种群数量下降。9月下旬以后苹果绵蚜数量又回升。苹果绵蚜还为害根部，浅层根上蚜量大。

防治措施：①加强检疫。发现苗木和接穗有虫时，用80％敌敌畏乳油1 500倍液浸泡2～3分钟，或用溴甲烷熏蒸处理苗木、接穗及包装材料。②果树休眠期刮粗翘皮和伤疤，并用药泥涂抹。同时剪下受害枝条。③保护利用自然天敌。喷药时要尽量选择对天敌毒性小的药剂，果园种草招引天敌。④化学防治。春季群聚蚜扩散以前使用50％辛硫磷乳油200倍药泥涂抹苹果绵蚜群集越冬处。少量发生时挑治，蚜株率30％以上需全园防治。防治适期在越冬若虫出蛰盛期（4月中旬）和第一代、第二代苹果绵蚜迁移期（5月下旬、6月初）。可选用氟啶虫胺腈、螺虫乙酯、吡虫啉、啶虫脒等药剂。喷雾必须均匀周到，尤其要喷透枝干的伤疤、缝隙处。苹果绵蚜发生较重的果园，在5～6月和9～10月绵蚜发生高峰期用10％吡虫啉可湿性粉剂800～1 000倍液灌根。

苹果绵蚜及白色绵毛状物

苹果绵蚜

剪锯口上的苹果绵蚜

捕食苹果绵蚜的异色瓢虫

山 楂 叶 螨

山楂叶螨（*Tetranychus viennensis* Zacher）属蛛形纲真螨目叶螨科，又名山楂红蜘蛛。在中国北方果区普遍发生，寄主植物有苹果、梨、桃、樱桃、杏、李、山楂、梅、榛子、核桃等。

为害状：以成螨、若螨和幼螨刺吸芽、叶、果的汁液，初期叶表面出现失绿斑点，后发展成失绿斑块，叶脉两侧出现大块黄斑，呈枯焦状，可造成大量落叶，使树势衰弱造成减产。

形态特征：雌成螨体长约0.5毫米，宽约0.3毫米，体椭圆形，深红色，体背前方隆起；雄成螨体长约0.4毫米，宽约0.2毫米，体色橘黄色，身体末端尖削，体背两侧有两条黑斑纹。卵橙黄色至橙红色，圆球形，直径约0.15毫米。卵多产于叶背面，常悬挂于蛛丝上。幼螨乳白色，足3对。若螨卵圆形，足4对，橙黄色至翠绿色。

发生规律：山楂叶螨在华北地区一年发生5～10代，以受精雌成螨在树皮裂缝、伤疤中和主枝分权皱褶处越冬，也可在根颈附近土层内、土石块下、落叶丛中及芽外茸毛间越冬。翌年4月上旬，越冬雌成螨出蛰并逐渐转移至芽上为害。苹果盛花期前后为第一代卵高峰期，花后7～10天为第一代幼螨孵化盛期，花后25～30天为第二代幼螨孵化盛期，以后世代重叠现象严重。该螨在叶片背面拉丝结网，隐于网下取食为害。

防治措施：①诱杀越冬虫源。树干光滑的果园，在越冬雌成螨进入越冬场所之前（9月），于树干上绑诱虫带诱集越冬雌成螨；休眠期刮除老翘皮，破坏越冬场所。②保护利用天敌。果园内尽量不喷用广谱性杀虫杀螨剂。果园内生草招引并培育天敌。人工释放捕食螨。③化学药剂防治。药剂防治的3个关键时期为越冬雌成螨出蛰盛期（花芽露红期）、落花后7～10天（第一代幼螨孵化期）和麦收前后。当平均每片叶活动满量超过4头时，及时喷药防治，有效药剂有阿维菌素、哒螨灵、三唑锡、螺螨酯、乙螨唑、噻螨酮、四螨嗪等杀螨剂。

山楂叶螨成螨

山楂叶螨为害状

藏匿在枝干布条下的越冬山楂叶螨雌成螨

山楂叶螨吐丝结网

诱虫带诱集的越冬山楂叶螨

巴氏新小绥螨捕食山楂叶螨

苹果全爪螨

苹果全爪螨 [*Panonychus ulmi* (Koch)] 属蛛形纲叶螨科，又名苹果红蜘蛛，是世界性果树害螨。我国大部分苹果产区都有发生，寄主主要有苹果、梨、花红、桃、李、樱桃、桃、葡萄等果树。

为害状：以成螨、若螨、幼螨刺吸芽、叶片，受害初期出现灰白色斑点，严重时叶片枯黄，但不落叶。

形态特征：雌成螨体长约0.45毫米，体圆形，深红色，背部显著隆起，有粗大背毛26根，着生于黄白色毛瘤上。雄成螨体长约0.3毫米，体后端尖削似草莓状，深橘红色，刚毛数目与排列同雌成螨。幼螨足3对，橘红色或深绿色。若螨足4对，体形似成螨。卵扁圆形，葱头状，顶端有刚毛状柄，越冬卵深红色，夏卵橘红色。

发生规律：苹果全爪螨一年发生6～7代。以卵在短果枝、果台和二年生以上的枝条背阴面越冬，发生严重时主侧枝、主干上都有越冬卵。翌春苹果花芽膨大期，越冬卵开始孵化。越冬卵孵化期比较集中，一般2～3天内大多数卵可孵化，苹果盛花至落花期为成螨发生盛期，落花后7天为第一代成螨产卵高峰期。6月上旬发生第二代成螨，以后各世代重叠。6～7月是全年发生为害高峰。7月下旬以后，由于高温高湿，虫口密度显著下降。8～10月产卵越冬。苹果全爪螨成螨较活泼，很少吐丝结网，多在叶片正面取食为害。有时亦爬到叶背面为害。

防治措施：①释放或保护天敌。人工释放巴氏新小绥螨、植绥螨或胡瓜钝绥螨等捕食螨；保护果园内自然天敌，如捕食螨、塔六点蓟马、小花蝽等。②药剂防治。早春果树发芽前，喷施3～5波美度石硫合剂或5%矿物油乳剂，发芽后至卵孵化前可以喷施噻螨酮或四螨嗪，消灭越冬卵。果树生长期当每叶平均达到5～6头活动螨时，及时喷施杀螨剂。保护天敌方法及药剂种类参考山楂叶螨防治措施。

苹果全爪螨雌螨（右）和雄螨（中）

苹果全爪螨卵

枝干上的苹果全爪螨越冬卵

苹果全爪螨为害状

二 斑 叶 螨

　　二斑叶螨（*Tetranychus urticae* Koch）属蛛形纲叶螨科，又名二点叶螨、普通叶螨、白蜘蛛。全国各地均有分布，寄主范围很广，可为害苹果、梨、桃、杏、李、樱桃、葡萄以及农作物和近百种杂草。

　　为害状：二斑叶螨成螨、幼螨和若螨均在叶片背面吸取汁液，造成叶片出现成片的小的白色失绿斑点。在严重为害时，叶片呈焦糊状，在叶片正面或枝杈处结一层白色丝绢状的丝网。

　　形态特征：雌成螨生长季节为白色，体背两侧各具1块黑色长斑，取食后呈浓绿、褐绿色；当密度大或种群迁移前体色变为橙黄色。雄成螨近卵圆形，多呈绿色。卵球形，光滑，初产为乳白色，渐变橙黄色。幼螨初孵时近圆形，白色，取食后变暗绿色，眼红色，足3对。若螨近卵圆形，足4对，体背出现色斑，与成螨相似。

　　发生规律：二斑叶螨北方苹果产区一年发生7～15代，以受精雌成螨在树皮裂缝、老翘皮及地面落叶、杂草、根际土缝内潜藏越冬。翌年苹果萌芽期，树下越冬雌成螨开始出蛰，首先在地下杂草为害繁殖，近麦收时才开始上树为害。上树后先集中在内膛为害，6月下旬开始扩散，7月为害最烈。在高温季节，二斑叶螨8～10天即可完成一个世代。与山楂叶螨相比，其繁殖力更强。

　　防治措施：①诱杀越冬虫源。树干光滑的果园，在越冬雌螨进入越冬场所之前（9月），于树干上绑诱集带诱集越冬雌成螨。刮除粗老翘皮，清除落叶和杂草进行深埋。②保护利用自然天敌，人工大量释放捕食螨等天敌进行防控。③药剂防治。当二斑叶螨数量多时，麦收前针对地面杂草喷施阿维菌素；当树上平均每叶上二斑叶螨数量达到10头时，需要喷施螺螨酯、唑螨酯、联苯肼脂、乙螨唑、阿维菌素或哒螨灵等杀螨剂。

二斑叶螨雌成螨

二斑叶螨成螨及卵

二斑叶螨越冬雌虫

绿 盲 蝽

绿盲蝽 [*Apolygus lucorum* (Meyer-Dur.)] 属半翅目盲蝽科。全国大部分地区均有发生，寄主范围很广，可为害多种果树、蔬菜、棉花、杂草等植物的幼嫩部分。

为害状：以成虫和若虫刺吸植物幼嫩器官的汁液。被害幼叶最初出现细小黑褐色坏死斑点，叶长大后形成无数孔洞；新梢生长点被害呈黑褐色坏死斑；幼果被害，产生小黑斑。

形态特征：成虫体长5～5.5毫米，宽2.5毫米，长卵圆形，全体绿色，头宽短，复眼黑褐色。前胸背板深绿色，密布刻点。小盾片三角形，黄绿色。前翅革片为绿色，革片端部与楔片相接处略呈灰褐色，楔片绿色，膜区暗褐色。卵黄绿色，长口袋形，长约1毫米。若虫共5龄，体形与成虫相似，全体鲜绿色。

发生规律：绿盲蝽在北方一年发生4～5代，以卵在果树的皮缝、芽眼间、剪锯口的髓部、杂草或浅层土壤中越冬。翌年4月中旬开始孵化，4月下旬是越冬卵孵化盛期，初孵若虫集中为害嫩芽、幼叶和幼果，5月上中旬为越冬代成虫羽化高峰，也是集中为害幼果时期。成虫寿命长，产卵期持续1个月左右。第一代发生较整齐，以后世代重叠严重。成虫、若虫均比较活泼，爬行迅速，具很强的趋嫩性，成虫善飞翔。成虫、若虫多白天潜伏在树下草丛中或根蘖苗上，清晨和傍晚上树为害芽、嫩梢或幼果。

防治措施：①搞好果园卫生。苹果树萌芽前，彻底清除果园内及其周边的枯枝落叶、杂草等。②果实套袋。在5月下旬至6月初套袋，可防止该虫为害果实。③药剂防治。苹果树落花后10～15天是树上喷药防治的关键，常用有效药剂有氟啶虫胺腈、高效氯氰菊酯、高效氯氟氰菊酯、甲氰菊酯、吡虫啉、啶虫脒等。喷药时，需连同地面杂草、行间作物一起喷洒，在早晨或傍晚喷药效果较好。

绿盲蝽成虫

为害幼果的绿盲蝽若虫

果实被害状

绿盲蝽若虫为害苹果嫩梢

康 氏 粉 蚧

　　康氏粉蚧（*Pseudococcus comstocki* Kuwana）属半翅目粉
蚧科，别名桑粉蚧、梨粉蚧、李粉蚧。在我国大部分地区均有
发生，可为害苹果、梨、桃、李、杏、山楂、葡萄等多种植物。

　　为害状：以若虫和雌成虫刺吸芽、叶、果实、枝及根部的
汁液，嫩枝和根部受害常肿胀且易纵裂而枯死。幼果受害多成
畸形果。排泄蜜露常引起煤污病发生，影响光合作用。

　　形态特征：雌成虫椭圆形，较扁平，体长约4毫米，粉红
色，体被白色蜡粉，体缘具17对白色蜡刺，腹部末端1对蜡刺
几乎与体长相等。雄成虫体紫褐色，体长约1毫米，翅展约2毫
米，翅1对，透明。卵椭圆形，浅橙黄色，卵囊白色絮状。若虫
椭圆形，扁平，淡黄色。蛹淡紫色，长约1.2毫米。

　　发生规律：康氏粉蚧一年发生3代，以卵囊在树干和枝条的
缝隙内及土壤缝隙等处越冬。翌年果树发芽时，越冬卵孵化为
若虫，在树皮缝隙内或爬至嫩梢上刺吸为害。第一代若虫发生
盛期在5月中下旬，第二代为7月中下旬，第三代在8月下旬。
雌雄交尾后，雌成虫爬到枝干粗皮裂缝内或果实萼洼、梗洼等
处产卵。产卵时，雌成虫分泌棉絮状蜡质卵囊，在囊内产卵，
每雌成虫可产卵200～400粒。康氏粉蚧属活动性蚧类，除产卵
期的成虫外，若虫、雌成虫皆能随时变换为害场所。该虫具有

趋阴性,苹果套袋后,若虫能通过袋口缝隙钻入袋内,对果实进行为害。

防治措施: ①消灭越冬虫源。入秋后,在树干上绑缚诱虫带诱集产卵成虫;发芽前刮除枝干粗皮、翘皮,破坏害虫越冬场所。②涂抹粘虫胶。在害虫上树为害之前,涂抹粘虫胶。③药剂防治。套袋果园关键是搞好第一代若虫防治,套袋前喷施一遍药剂,第二代若虫期和第三代若虫期根据虫情确定是否喷药。常用有效药剂有噻虫嗪、氟啶虫胺腈、螺虫乙酯、啶虫脒、吡虫啉、甲氰菊酯等。

康氏粉蚧对套袋果实的为害状

受害果实着色不均匀

康氏粉蚧雌成虫

果实上的康氏粉蚧

金 纹 细 蛾

金纹细蛾（*Lithocolletis ringoniella* Mats.）属鳞翅目细蛾科，又名苹果细蛾。分布在辽宁、河北、山东、山西、陕西、甘肃、安徽等苹果产区。寄主有苹果、海棠、梨、李等果树。

为害状：金纹细蛾以幼虫从叶背潜食叶肉，形成椭圆形的虫斑，表皮皱缩，呈筛网状，叶面拱起，虫斑内有黑色虫粪。严重时，布满整个叶片，导致早期落叶。

形态特征：成虫体长约3毫米，体金黄色，其上有银白色细纹，头部银白色，顶端有两丛金黄色鳞毛。前翅金黄色，自基部至中部中央有1条银白色剑状纹，翅端前缘有4条、后缘有3条银白色纹，呈放射状排列；后翅披针形，缘毛很长。卵扁椭圆形，乳白色，半透明。老熟幼虫体长约6毫米，呈纺锤形，稍扁。幼龄时体淡黄绿色，老熟后变黄色。蛹体长约4毫米，黄褐色。

发生规律：金纹细蛾一年发生4～5代，以蛹在被害的落叶内过冬。翌年4月初苹果发芽开绽期为越冬代成虫羽化盛期。雌成虫产卵部位多集中在发芽早的苹果品种上幼嫩叶片背面茸毛下，卵单粒散产，卵期7～13天。幼虫孵化后从卵底直接钻入叶片中，潜食叶肉，致使叶背被害部位仅剩下表皮，叶背面表皮凸起皱缩，外观呈泡囊状，被害部内有黑色粪便。幼虫老熟后就在虫斑内化蛹。8月是全年中为害最严重的时期，当叶上有10～12个斑时，会导致叶片脱落。

防治措施：①清洁果园。落叶后至发芽前，彻底清除果园内外的落叶，集中销毁，消灭落叶中的越冬蛹，这是防治金纹细蛾最有效的措施。②药剂防治。往年发生严重果园，应重点抓住第一和第二代幼虫发生初期及时喷药。具体喷药时间利用金纹细蛾性引诱剂诱捕器进行测报，在成虫盛发高峰后5天左右进行喷药。有效药剂有灭幼脲、除虫脲、甲氧虫酰肼、阿维菌素、高效氟氯氰菊酯或敌敌畏等。

金纹细蛾成虫

金纹细蛾卵

金纹细蛾老熟幼虫及蛹

被害叶片正面症状

被害叶片背面症状

苹果小卷叶蛾

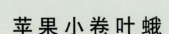

　　苹果小卷叶蛾（*Adoxophyes orana* Fischer von Röslerstamm）属鳞翅目卷蛾科，又名棉褐带卷蛾、茶小卷蛾、苹小卷叶蛾、黄小卷叶蛾、溜皮虫，俗称舔皮虫。苹果小卷叶蛾分布较广，大部分地区均有分布，寄主有苹果、李、梨、杏、桃、花红、山楂等果树。

　　为害状：该虫以幼虫啃食叶片和果实。幼虫不仅吐丝缀叶潜居其中啃食叶片，还把叶片缀贴在果实上啃食果皮、果肉，在果实上形成许多伤疤，成为残次果。

　　形态特征：雌成虫体长约7毫米，黄褐色；前翅有两条深褐色斜纹形似h形；雄成虫体较小，体色稍淡，前翅有前缘褶。卵扁平，椭圆形，淡黄色，数十粒至上百粒排成鱼鳞状。老龄幼虫体长约14毫米，前胸背板淡黄色，胸腹部翠绿色，雄性幼虫腹背面有1对性腺，腹末有臀栉6～8根。蛹体长约10毫米，黄褐色，腹部第二～七节背面均有两排小刺。

　　发生规律：苹果小卷叶蛾一年发生3代，以二龄和三龄幼虫潜藏在树皮裂缝、芽鳞、剪锯口等处结小白茧越冬。翌年春季苹果花芽膨大期开始出蛰，苹果盛花期为越冬幼虫出蛰盛期。小幼虫先为害幼芽、花蕾及嫩叶，稍大后卷叶为害，有转叶为害现象，幼虫老熟后在卷叶中结茧化蛹。成虫昼伏夜出，有趋光性和趋化性，对果醋和糖醋都有较强的趋性。成虫在叶片背面产卵，卵块呈鱼鳞状排列。

防治措施：①人工摘除虫苞。②实施果实套袋技术。③释放赤眼蜂。在第一代卵和第二代卵初期释放松毛虫赤眼蜂，每代释放3～4次，间隔期4～5天，每亩次放蜂量2.5万头。④化学药剂防治。应抓住越冬幼虫出蛰期（花芽露红期）和第一代或第二代幼虫孵化期等关键时期，有效药剂有氯虫苯甲酰胺、氟苯虫酰胺、虫酰肼、虱螨脲、阿维菌素、甲氨基阿维菌素苯甲酸盐、高效氯氟氰菊酯、高效氯氰菊酯等。

苹果小卷叶蛾成虫

苹果小卷叶蛾卵块

苹果小卷叶蛾幼虫和蛹

被害叶和果实

苹果小卷叶蛾幼虫及
为害果实状

顶 梢 卷 叶 蛾

顶梢卷叶蛾 (*Spilonota lechriaspis* Meyrick) 属鳞翅目小卷蛾科，又称顶芽卷叶蛾、芽白小卷蛾。分布在东北、华北、华东、西北等地，主要为害苹果、海棠、梨、桃等。

为害状：幼虫为害嫩梢，吐丝将数片嫩叶缠缀成虫苞，并啃下叶背茸毛做成筒巢，潜藏入内取食。顶梢卷叶团干枯后，不脱落，易于识别。

形态特征：成虫体长约7毫米，全体银灰褐色。前翅前缘有数组褐色短纹；后缘近臀角处有一近似三角形褐色斑，此斑在两翅合拢时并成一菱形斑纹；近外缘处从前缘至臀角间有8条黑褐色平行短纹。卵扁椭圆形，乳白色至淡黄色，长径0.7毫米，卵粒散产。老熟幼虫体长约9毫米，体污白色，头部、前胸背板和胸足均为黑色，无臀栉。蛹体长约7毫米，黄褐色，尾端有8根钩状毛。茧黄白色绒毛状，椭圆形。

发生规律：顶梢卷叶蛾一年发生2～3代，以二～三龄幼虫在枝梢顶端卷叶团中越冬。早春苹果花芽展开时，越冬幼虫开始出蛰，早出蛰的主要为害顶芽，晚出蛰的向下为害侧芽。幼虫老熟后在卷叶团中做茧化蛹。在一年发生3代的地区，越冬代成虫发生期为5月中旬至6月末，第一代成虫发生期为6月下旬至7月下旬，第二代成虫发生期为7月下旬至8月末，10月上旬以后幼虫越冬。

防治措施：①人工摘除虫苞。顶梢卷叶蛾防治应以人工摘除虫苞为主，药剂防治为辅，生长季节随时剪除虫梢或捏死卷叶蛾的幼虫。②药剂防治。对于发生严重且面积较大的苗圃或幼树园，在展叶初期喷药防治出蛰的幼虫，有效药剂参考苹果小卷叶蛾防治措施。

顶梢卷叶蛾幼虫为害状

顶梢卷叶蛾成虫

越冬幼虫所在的顶梢枯叶团

苹 掌 舟 蛾

苹掌舟蛾（*Phalera flavescens* Bremer et Grey）属鳞翅目舟蛾科，又名苹果天社蛾、苹果舟蛾，俗称舟形毛虫。分布比较广泛，主要寄主有苹果、梨、桃、海棠、杏、樱桃、山楂、板栗等果树。

为害状：苹掌舟蛾是苹果生长后期的食叶性害虫，以幼虫蚕食叶片，幼虫四龄以前群聚为害，数十头幼虫头向外整齐地排列在叶面上，由叶缘向内啃食，稍受惊动则纷纷吐丝下垂；四龄以后分散为害。幼虫停止休息时头尾翘起，形似小船，故称舟形毛虫。

形态特征：成虫体长22～25毫米，体淡黄白色，前翅有不明显的浅褐色波浪纹，近基部有银灰白色和紫褐色各半的椭圆形斑纹，靠翅外缘有同色斑纹6个。卵圆球形，直径约1毫米，初产淡绿色，孵化前为灰褐色，数十粒至百余粒密集成排于叶背上。老熟幼虫体长约50毫米，体紫红色，各龄幼虫头部黑褐色，有光泽，全身生有黄白色长软毛。蛹红褐色，体长约23毫米，腹部末端具有短刺6根。

发生规律：苹掌舟蛾一年发生1代，以蛹在树下根部附近约7厘米深的土层中越冬。7～8月越冬蛹羽化为成虫。成虫夜间活动，趋光性强，产卵于中下部枝条的叶片背面，卵密集成块，卵期约7天。8月至9月中旬为幼虫为害期。幼虫孵出后，先群集在产卵叶上啃食叶肉，仅剩网状叶脉，后转移到同一枝条相邻的叶片上为害，头向外整齐排列呈半环状，蚕食叶片边缘，仅剩主脉和叶柄。幼虫多于四龄末开始分散为害，进入暴食期。幼虫老熟后沿树干向下爬行下地，择地入土化蛹越冬。

防治措施： ①人工防治。低龄幼虫群居叶片正面，容易发现，可进行人工摘除，就地踩死。②药剂防治。发生严重的果园在低龄幼虫期喷施1次杀虫剂即可有效控制该虫的发生为害。有效药剂有灭幼脲、虫酰肼、甲氨基阿维菌素苯甲酸盐、阿维菌素、高效氯氟氰菊酯等。害虫局部发生时，也可只喷洒有虫枝条。

苹掌舟蛾幼虫

苹掌舟蛾低龄幼虫群聚为害

苹掌舟蛾卵块

苹掌舟蛾蛹

正在交尾的苹掌舟蛾

美 国 白 蛾

美国白蛾［*Hlyphantria cunea*（Drury）］属鳞翅目灯蛾科，又名秋幕毛虫，是检疫性害虫。1979年传入我国辽宁丹东，现在已经扩散到河北、北京、天津、山东、陕西等地。该虫寄主范围广，不仅可为害苹果、梨、桃、杏、核桃、柿等多种果树和林木，还可为害大田作物和蔬菜。

为害状：幼虫孵化后吐丝结网幕，幼虫群集网幕中取食叶片，受害叶片仅留叶脉呈白膜状而枯黄；老龄幼虫食叶呈缺刻和孔洞，甚至将树叶全部食光。

形态特征：成虫体长12～15毫米，大都为白色。头、胸白色，胸部具黑纹，腹部背面白色或黄色，背、侧面有一排黑点。卵圆球形，直径约0.5毫米。刚产的卵淡黄绿色，渐变成灰褐色，卵粒排列呈块状，其上覆盖毛或鳞片。老熟幼虫体长28～35毫米，体黄绿色至灰黑色。

发生规律：美国白蛾一年发生2～3代，以蛹在枯枝落叶、表土层、墙缝等处越冬。在2代地区，越冬代成虫于5月下旬始见，6月下旬结束。全年发生为害高峰期在秋季。每雌成虫产卵数百粒，最高可达2 000粒。卵多产在树冠外围叶片背面，形成卵块。幼虫孵化后，吐丝拉网形成网幕，一～四龄群居为害，随幼虫生长发育，网幕不断扩大，五龄后幼虫分散到整个树冠

97

为害。幼虫有转移为害习性。幼虫老熟后沿树干下爬，在树下的枯枝落叶、土石块下及土壤中化蛹越冬。

防治措施： ①人工捕杀幼虫。在低龄幼虫结网为害期，很容易被发现，要及时剪除处理。发现卵块及时摘除，并注意捕杀成虫。②生物防治。目前应用比较成功的生物防治方法是释放人工饲养的白蛾周氏啮小蜂。③药剂防治。美国白蛾发生严重果园，在幼虫三龄以前及时喷药防治，同时注意防治果园周围其他植物上的美国白蛾幼虫。有效药剂参考苹掌舟蛾防治措施。

美国白蛾成虫和卵

美国白蛾幼虫

美国白蛾幼虫吐丝结网幕

美国白蛾蛹

美国白蛾为害苹果树症状

黑 绒 鳃 金 龟

黑绒鳃金龟 [*Maladera orientalis*(Motsh)] 属鞘翅目鳃金龟甲科，又名东方金龟甲、天鹅绒金龟甲。全国各地都有分布，以河滩地、山荒地果园发生较多。除为害苹果外，还为害梨、桃、李等，也喜欢取食杨、柳等林木叶子。

为害状：黑绒鳃金龟以成虫为害苹果幼芽、嫩叶和花蕾，受害重的全部食光，轻的啃食呈缺刻状。

形态特征：成虫体长6～9毫米，近卵圆形，黑褐色或棕褐色，被覆黑色丝绒状毛，鞘翅有9条刻点沟，翅缘有成列纤毛。卵长约1.2毫米，椭圆形，乳白色。幼虫乳白色，头部黄色，体上有黄褐色细毛。蛹体为黄色，头部黑褐色。

发生规律：黑绒鳃金龟一年发生1代，以成虫在土中越冬。翌年4月中旬出土活动，4月末至6月上旬为成虫盛发期。活动适温为20～25℃，为害时间达70～80天。成虫有雨后出土习性、假死性和趋光性，飞翔力强。傍晚群集为害果树幼芽、嫩叶。5月中旬交尾，产卵于10～20厘米深的土中，卵期5～10天。幼虫为害植物地下组织。老熟幼虫在20～30厘米较深土层化蛹，8月中下旬成虫羽化后逐渐越冬。

防治措施：①苗木套袋，预防啃食。②傍晚振树捕杀成虫。③糖醋液诱杀成虫。在成虫发生期内，将配好的糖醋液（糖3

份、食醋3份、白酒3份、水80份）装入盆内或罐头瓶内悬挂在树上，诱杀成虫。④果园养鸡治虫。养殖密度不宜过大，一般每亩地25只左右。⑤土壤用药防治。利用成虫白天入土潜伏的习性，可选用40％辛硫磷乳油300～500倍液喷洒地面，将表层土壤喷湿，然后耙松土表。⑥树上喷药防治。成虫发生量大时，也可选择树上喷药，以傍晚喷药效果较好，有效药剂有马拉硫磷、高效氯氟氰菊酯、高效氯氰菊酯等。

黑绒鳃金龟成虫及为害状

黑绒鳃金龟幼虫

白天隐藏在树下土中的黑绒鳃金龟

苹 毛 丽 金 龟

苹毛丽金龟（*Proagopertha lucidula* Faldermann）属鞘翅目丽金龟甲科，又名苹毛金龟甲。此虫在各苹果产区均有分布，是苹果花期主要害虫。除为害苹果外，还为害梨、桃、杏、海棠、樱桃、葡萄等果树。

为害状：苹毛丽金龟以成虫聚集在花序上食害花蕾、花瓣、花蕊和柱头，使其残缺不齐。食害叶片多呈缺刻状，至全部食光。

形态特征：成虫体长8～12毫米，长卵圆形，头胸背面黑褐色，有紫铜色光泽。鞘翅茶色或黄褐色，微泛绿光，半透明，腹部两侧有黄白色毛丛。卵椭圆形，初产卵乳白色，渐变黄白色。幼虫体为乳白色，头部黄褐色。蛹为裸蛹，深红褐色。

发生规律：苹毛丽金龟一年发生1代，以成虫在土壤中越冬。翌年4月上旬开始出土，4月中下旬为出土盛期。出土早的成虫先在其他寄主植物上为害，待果树发芽、开花时再转移过来。成虫喜欢取食花器、嫩叶，常群集为害，将花蕾、花器及嫩叶吃光。成虫4月中下旬开始在土中产卵，每雌虫平均产卵20余粒，卵期20～30天。幼虫为害植物根部，经60～70天陆续老熟，7月下旬开始做蛹室化蛹，8月中下旬为化蛹盛期，蛹期15～20天。成虫羽化后在蛹室内越冬。成虫白天活动，有假死习性，无趋光性。

防治措施：①人工捕杀成虫。在成虫发生期内，利用其假死性，在清晨或傍晚振动树枝，集中捕杀。②药剂防治。在果树萌芽时树下土壤用药，也可在花序分离期（成虫上树为害盛期）树上喷药。具体用药方法及有效药剂参考黑绒鳃金龟防治措施。

正在取食苹果花蕾的苹毛丽金龟

苹毛丽金龟为害苹果花

苹毛丽金龟啃食苹果叶

铜 绿 丽 金 龟

铜绿丽金龟（*Anomala corpulenta* Motsch）属鞘翅目丽金龟甲科。全国各地均有发生，寄主有苹果、山楂、海棠、梨、杏、桃、李、梅、柿、核桃、栗等，其中以苹果属果树受害最重。

为害状： 以成虫取食叶片，常造成大片幼龄果树叶片残缺不全，甚至全树叶片被吃光。幼虫取食大田作物和蔬菜地下根茎，是重要的地下害虫。

形态特征： 成虫体长19～21毫米，触角黄褐色，鳃叶状，前胸背板及鞘翅铜绿色具闪光，上有细密刻点；额及前胸背板两侧边缘黄色，虫体腹面及足均为黄褐色。老熟幼虫体长约40毫米，头黄褐色，胴部乳白色，腹部腹面有2纵列刺状毛，14～15对。蛹长约20毫米，裸蛹，黄褐色。卵椭圆形，乳白色。

发生规律： 铜绿丽金龟一年发生1代，以三龄幼虫在土中越冬。翌年4月上旬上升到表土为害，5月开始化蛹，6月中下旬至7月上旬为成虫羽化盛期，7月可见卵，8月幼虫孵化，为害果树根部，11月入土越冬。成虫昼伏夜出，有假死性和强烈的趋光性。黄昏出土，夜间9～10时为害最烈，群集为害林木、果树的叶片，叶片食成孔洞短刻状或吃光整株叶片。

防治措施： ①人工捕杀成虫。利用成虫的假死性，于傍晚振树捕杀成虫。②灯光诱杀成虫。利用成虫的趋光性，在果园内设置黑光灯或频振式诱虫灯，诱杀成虫。③果园养鸡治虫。参考黑绒鳃金龟防治措施。④药剂防治。成虫发生量大时，及时往树上喷药或树下地表用药。具体方法及有效药剂参考黑绒鳃金龟防治措施。

铜绿丽金龟成虫取食叶片

铜绿丽金龟幼虫

铜绿丽金龟卵

高压汞灯诱杀铜绿丽金龟成虫

高压汞灯诱集的铜绿丽金龟成虫及其他金龟子

苹 小 吉 丁 虫

苹小吉丁虫（*Agrilus mali* Mats.）属鞘翅目吉丁虫科。此虫分布于黑龙江、吉林、辽宁、内蒙古、山西、陕西、甘肃等省份果区，是枝干主要害虫。除为害苹果外，还为害花红、海棠、红果树和香果树等。一般管理粗放的果园受害较重。

为害状：以幼虫在皮层下蛀食，被害部位皮层枯死、凹陷或裂皮，呈黑褐色，虫疤上常有褐色汁液渗出。

形态特征：成虫体紫铜色，具金属光泽。雌成虫体长约8毫米，雄成虫稍小些，长约7毫米。头短而宽，复眼大，呈肾形；触角锯齿状。卵长1毫米左右，椭圆形，初产卵乳白色，渐变黄褐色。老龄幼虫体长16～22毫米，体扁平、乳白色，头小、褐色。蛹长约7毫米，初化蛹乳白色，渐变黑褐色。

发生规律：苹小吉丁虫一年发生1代，以低龄幼虫在蛀道内越冬。翌年4月上旬幼虫开始为害，5月中旬为害最严重，5月下旬幼虫开始在木质部内化蛹，蛹期为12天。6月中旬出现成虫，7月中旬至8月初是成虫出现的高峰期，持续20天左右。8月下旬出现产卵高峰，卵多产在枝干的向阳面。9月上旬为幼虫孵化高峰，幼虫孵化后立即蛀入表皮为害。10月中下旬幼虫开始越冬。成虫具有假死性，喜欢温暖阳光，在白天活动，常在中午绕树冠飞行。

防治措施：①加强苗木检疫，防止传播。②加强管理，增强树势，是预防该虫为害的根本。③人工防治。利用成虫的假死性捕捉落地成虫，及时清除枯枝、死树。④药剂防治。果树生长季节在枝干被害处（有黄白色胶滴处）涂抹煤油敌敌畏合剂（1～2千克煤油＋80％敌敌畏乳油0.1千克搅拌均匀），也可用注射器将80％敌敌畏乳油50～100倍液注入蛀孔内。害虫发生面积大且严重时，在成虫发生期内使用触杀性药剂对树干及树冠进行喷药，有效药剂有敌敌畏、马拉硫磷、高效氯氟氰菊酯、高效氯氰菊酯等。

苹小吉丁虫幼虫

苹小吉丁虫幼虫为害状

苹小吉丁虫成虫
（杨永刚 摄）

大 青 叶 蝉

大青叶蝉〔*Tettigella viridis* (Linnaeus)〕属半翅目叶蝉科，又名大绿浮尘子。全国各地都有分布，寄主有苹果、梨、桃、李、杏等多种果树和林木。

为害状：大青叶蝉成虫产卵时用产卵器刺破枝条表皮呈月牙状翘起，每穴产卵6～12粒，卵粒排列整齐，呈肾形凸起，被害严重时，枝条遍体鳞伤，经冬季低温和春季风吹，枝条失水抽条。新栽幼树受害较重。

形态特征：成虫体长7.5～10毫米，头黄褐色，头顶有2个黑点，触角刚毛状。前胸前线黄绿色，其余部分深绿色。前翅绿色，革质，尖端透明，后翅黑色。卵乳白色，长卵形，稍弯曲，长约1.6毫米。幼龄若虫体灰白色，三龄以后黄绿色，似成虫，仅翅未形成，体长约7毫米。

发生规律：大青叶蝉一年发生3代，以卵在木材嫩枝和干部皮层内越冬。各代发生期分别为4月上旬至7月上旬、6月上旬至8月下旬、7月中旬至11月中旬。初孵化若虫常喜群聚取食，3天后转移到蔬菜及其他农作物或杂草上取食，午间至黄昏时非常活跃，受惊即跳跃逃避或展翅飞去。成虫趋光性很强。最后一代成虫经过补充营养后才交尾产卵，将卵产在林木、果树幼嫩光滑的枝条和主干上越冬。卵块多集中在1～3米高的主枝或侧枝上。

防治措施：①幼树果园避免在果园内间作晚秋作物，如白菜、萝卜、胡萝卜、薯类等，减少大青叶蝉向果园内的迁飞数量。②灯光诱杀成虫。可在9～10月于果园外围设置诱虫灯，诱杀大量成虫。③药剂防治。若幼树果园内或附近种植有白菜、萝卜或甘薯等晚秋多汁作物，可在10月中下旬当雌成虫转移至树上产卵时及时喷药防治，7～10天1次，连喷2次左右。有效药剂有高效氯氟氰菊酯、高效氯氰菊酯、氰戊菊酯、马拉硫磷等。

大青叶蝉成虫

大青叶蝉低龄若虫
（王江柱 摄）

大青叶蝉卵块
（王江柱 摄）

大青叶蝉产卵为害状
（王江柱 摄）

大青叶蝉卵孵化后遗留的产卵伤口
（王江柱 摄）

桑 天 牛

桑天牛〔*Apriona germari* (Hope)〕属鞘翅目天牛科。在北京、天津、广东、广西、湖北、湖南、河北、辽宁、河南等省份均有发生，主要寄主有苹果、海棠、桑树、构树等。

为害状：成虫食害嫩枝皮和叶；幼虫于枝干的皮下和木质部内，向下蛀食，隔一定距离向外蛀一通气排粪屑孔，排出大量粪屑，削弱树势，重者枯死。

形态特征：雌成虫体长约46毫米，雄成虫体长约36毫米；身体黑褐色，密生暗黄色细绒毛；头部和前胸背板中央有纵沟，前胸背板有横隆起纹；鞘翅基部密生黑瘤突，肩角有1个黑刺。老龄幼虫体长70毫米，乳白色，头部黄褐色，前胸节特大，背板密生黄褐色短毛和赤褐色刻点，隐约可见"小"字形凹纹。蛹长约50毫米，黄褐色。卵长椭圆形，稍扁平、弯曲，长约6.5毫米，乳白色。

发生规律：桑天牛2～3年完成一代，以幼虫在枝干内越冬，翌年春天开始活动。老熟幼虫在枝干最下面的1～3个排粪孔的上方外侧咬一个羽化孔，在羽化孔下做蛹室化蛹。成虫羽化后需要啃食桑树或构树的枝干皮层、叶片和嫩芽补充营养，因此果园周边有桑树或构树的发生重。成虫寿命长约40天，成虫喜欢在二～四年生枝上产卵，产卵前先将树皮咬成U形伤口，然后将卵产在中间的伤口内，每处产卵1～5粒，一生可产卵100粒。孵化的幼虫先向枝条上蛀食约10毫米，然后调头向下蛀食，并逐渐深入心材，每蛀食6～10厘米长时，向外蛀一排粪孔排出粪便。

防治措施：①加强管理，增强树势，是预防该类害虫的根本措施。②利用成虫的假死性，成虫发生期及时捕杀成虫。③寻找新鲜产卵痕处挖杀卵粒和初龄幼虫。④生长季节，找到新鲜排粪孔后，用细铁丝钩杀木质部内幼虫。⑤在成虫羽化前，砍除果园内及周边的桑树和构树，切断成虫食物链，可减小其产卵的概率。⑥保护利用天敌。⑦虫道内注药防治。找到新鲜排粪孔后，使用注射器从该孔上方的排粪孔向内注入80%敌敌畏乳油100倍液，熏杀幼虫。

桑天牛成虫

桑天牛幼虫及蛀道

桑天牛卵

桑天牛产卵痕

桑天牛排粪孔及排出的粪便

向新鲜排粪孔内注射杀虫剂杀灭幼虫

下　篇
苹果病虫害
绿色防控技术

　　绿色果品是指产自优良生态环境、按照绿色食品标准生产、实行全程质量控制并获得绿色食品标志使用权的安全、优质果品。

　　可持续发展原则的要求是，生产的投入量和产出量保持平衡，既要满足当代人的需要，又要满足后代人同等发展的需要。绿色果品在生产方式上对农业以外的能源采取适当的限制，以更好地发挥生态功能的作用。绿色果品遵照绿色食品的标准，包括产地环境条件、生产技术规程、产品标准、包装和标签标准，均属于农业部发布的推荐性农业行业标准，产品分为A级和AA级两类。

　　A级绿色食（果）品：指在生态环境质量符合规定标准的产地，生产过程中允许使用限定的化学合成物质，按特定的生产操作规程生产、加工，产品质量及包装检验、检查符合特定标准，并经专门机构认定，许可使用A级绿色食品标志的产品。

　　AA级绿色食（果）品：指在生态环境质量符合规定标准的产地，生产过程中不使用任何有害化学合成物质，按特定的生产操作规程生产、加工，产品质量及包装检验、检查符合特定标准，并经专门机构认定，许可使用AA级绿色食品标志的产品。绿色果品由中国绿色食品发展中心监管，执行全国统一的标志。

　　绿色果品必须同时具备以下条件：果品或果品原产地必须符合绿色食品生态环境质量标准；果品的生产及加工必须符合绿色食品的生产操作规程；果品必须符合绿色食品质量和卫生标准；果品外包装必须符合国家食品标签通用标准，符合绿色食品特定的包装、装潢和标签规定。A级绿色果品生产过程中允许限量使用一些安全性的农药、化肥、生长调节剂，禁止使用硝态氮肥。AA级绿色果品在生产过程中不使用任何化学合成的肥料、农药等有害于环境和人体健康的物质。根据我国现有的苹果园管理水平，一般果园生产AA级的绿色苹果还有相当的难度，有待管理水平进一步提高和社会进一步发展。生产A级绿色苹果，严禁剧毒、高毒、高残留或具有致癌、致畸、致突变的农药在田间使用，严禁高毒、高残留农药在储藏期使用，应该是我们目前的工作重点。

截止到2016年，我国明令禁止销售和使用的农药39种：甲胺磷、甲基对硫磷、对硫磷、久效磷、磷胺、六六六、滴滴涕、毒杀芬、二溴氯丙烷、杀虫脒、二溴乙烷、除草醚、艾氏剂、狄氏剂、汞制剂、砷类、铅类、敌枯双、氟乙酰胺、甘氟、毒鼠强、氟乙酸钠、毒鼠硅、苯线磷、地虫硫磷、甲基硫环磷、磷化钙、磷化镁、磷化锌、硫线磷、蝇毒磷、治螟磷、特丁硫磷、氯磺隆、福美肿、福美甲肿、胺苯磺隆单剂、甲磺隆单剂、百草枯。自2017年7月1日起，禁止胺苯磺隆和甲磺隆复配制剂产品在国内销售和使用。在苹果上不得使用的农药有10种：甲拌磷、甲基异柳磷、内吸磷、克百威、涕灭威、灭线磷、硫环磷、氯唑磷、灭多威、硫丹。任何农药产品都不得超出农药登记批准的使用范围使用。联合国粮食与农业组织对苹果允许有残留的农药有62种，允许残留标准最少量的是异狄氏剂，为0.02毫克/千克，最大量的是克菌丹、邻苯基苯酚，均为25毫克/千克（表2-1）。但我国对表2-1中的对硫磷、甲基对硫磷、硫丹、异狄氏剂等已经禁用，其残留在我国应为不得检出。

表2-1　联合国粮农组织对苹果上农药最高残留量的决定

农药名称	最高残留量(毫克/千克)	农药名称	最高残留量(毫克/千克)	农药名称	最高残留量(毫克/千克)
敌敌畏	0.1	倍硫磷	2	异菌脲	10
乐果	1	甲基嘧啶磷	2	多果啶	5

（续）

农药名称	最高残留量（毫克/千克）	农药名称	最高残留量（毫克/千克）	农药名称	最高残留量（毫克/千克）
杀螟硫磷	0.5	对硫磷	0.05	邻苯基苯酚	25
敌百虫	2	甲基对硫磷	0.2	抑菌剂	0.1
马拉硫磷	2	乙硫磷	2	保棉磷	2
除虫脲	1	久效磷	1	乙嘧硫磷	1
氟氯氰菊酯	0.5	三硫磷	1	二嗪磷	0.5
克菌丹	25	甲噻硫磷	0.5	定菌磷	0.5
三唑锡	5	速灭磷	0.5	亚砜吸磷	1
毒死蜱	1	甲基乙拌磷	0.5	二硫代氨基甲酸酯	3
残杀威	3	亚胺硫磷	10	溴螨酯	5
乙硫甲威	5	伏杀硫磷	5	杀线威	2
甲萘威	5	二苯胺	5	腐霉利	5
抑菌灵	5	磷胺	0.5	螨完锡	5
甲基硫菌灵	5	林丹	0.5	异狄氏剂	0.02
甲霜灵	0.05	硫丹	2	无机溴	20
嗪胺灵	2	灭菌灵	10	甲基克杀螨	0.2
噻菌灵	10	氧乐果	2	克螨特	5
三氯杀螨醇	5	三环锡	5	噻螨酮	0.5
乙酯杀螨醇	5	甲基毒死蜱	0.5	腈菌萘	5
草丙磷胺	0.05	多效唑	0.5		

植 物 检 疫

植物检疫是由国家颁布法令对植物及其产品，特别是种子和苗木进行管理和控制，防止危险性病、虫、杂草传播蔓延。主要任务有以下三方面：

（1）禁止危险性病、虫、杂草随着植物及其产品由国外输入和由国内输出。

（2）将在国内局部地区已发生的危险性病、虫、杂草封锁在一定的范围内，不让它传播到尚未发生的地区，并且采取各种措施，逐步将它消灭。

（3）当危险性病、虫、杂草传入新地区的时候，必须采取各种紧急措施，就地彻底肃清。

例如，苹果蠹蛾是我国苹果上重要的检疫对象，该虫在欧美、澳大利亚等国家发生很普遍，是苹果上重要的蛀果害虫。1984年我国在新疆首次发现，从此以后，逐年向内地发展，目前已扩展到我国甘肃、辽宁、内蒙古、宁夏、黑龙江等地，此虫一旦进入陕西或渤海湾苹果主产区，会对我国苹果产业造成严重的影响，因此，要加强对过往车辆的检查和检疫，防止蠹蛾随带虫果实从疫区传入到苹果主产区。

现在苹果上的检疫性病虫害包括苹果火疫病、苹果蠹蛾、美国白蛾等，另外一些有害生物如黑星病、绵蚜等，过去曾是检疫对象，在2009年农业部新公布的全国农业植物检疫性有害生物名单中没有包括。印度小裂绵蚜、橘小实蝇等虽未被列为苹果上的检疫性害虫，但是小裂绵蚜已经在我国云南昭通的果园中对果树根部进行为害，橘小实蝇也在我国河南、河北部分产区的桃上有发现，应该密切监视这些有害生物的发生动向，以防对我国苹果产业造成不利影响。

栽 培 防 治

栽培防治是在果树的栽培过程中，有目的地创造有利于果树生长发育的环境条件，使果树生长健壮，提高果树的抗病虫能力；同时，创造不利于病原物和害虫活动、繁殖和侵染的环境条件，减轻病虫害的发生程度。

目前，我国苹果栽植正在经历一个转型期。中华人民共和国成立以来，我国苹果的栽培模式主要是乔砧，经历了乔砧稀植和乔砧密植。由于乔砧果树树体高大，密植以后造成的主要问题是果园密闭，果园不能实现机械操作，加上修剪量大，以腐烂病为代表的病害发生严重，果园打药不均匀，也使得叶部病害和各种虫害难以有效防控。随着用工成本的提高，自21世纪初，矮砧密植开始被我国果树工作者关注并开始施行。目前，在全国已经超过百万亩，其易成花成果、便于操作和高质量果实很快被人们接受。然而，由于这种新的栽培模式刚刚起步，很多问题尚不十分清楚，如适于不同区域的砧穗组合，有些重要的技术尚未过关或普及（苗木的脱毒和繁育）。随着矮砧密植栽培模式的不断推广普及，必然也会带来苹果病虫害的演变。

栽培防治是最经济、最基本的病虫害防治方法。具体措施包括以下几个方面。

一、使用无病虫苗木

很多病虫害可随苗木、接穗、插条、根茎、种子等繁殖材料而扩大传播，由于我国现在尚没有对苗木培育实施有效的法律保护，带病种苗已经成为制约我国苹果产业发展的一个限制性因素。对于这类病虫害的防治，必须把培育无病的苗木作为一个十分重要的措施。例如苹果锈果病、花叶病等病毒病主要通过嫁接传播。苗木一旦带毒，会对果树终生带来影响，因此一定要将生产健康苗木放到一个十分重要的地位。苗木除了可以携带病毒以外，还可以传播其他多种病虫害，如轮纹病、腐烂病以及绵蚜等。因此，对苗圃的病虫害一定要加强管理，否则会随着种苗的调运，使病虫害进行远距离传播。

目前，我国苹果的带毒情况不容乐观。据冀志蕊（2012）等对我国13个省份327份材料进行检测，发现我国苹果产区苹果花叶病毒（ApMV）、苹果褪绿叶斑病毒（ACLSV）、苹果茎痘病毒（ASPV）和苹果茎沟病毒（ASGV）4种病毒发生分布广泛，ApMV、ASPV、ASGV和ACLSV的平均侵染率分别为80.1%、65.1%、73.7%和69.7%。病毒混合侵染现象普遍，两种病毒混合侵染率为16.5%，三种病毒混合侵染率为51.1%，四种病毒混合侵染率为26.9%。其中ApMV+ASGV+ACLSV+ASPV复合侵染率最高，为26.9%，其次为ApMV+ASGV+ACLSV，侵染率为16.8%；ACLSV+ASPV混合侵染率最低，为0.3%。近年来，随着矮砧密植果园面积的逐步扩大，病毒病的为害显得愈发严重，对于病毒病应该给予高度重视，研究病毒快速诊断技术，培育和使用脱毒苗木是当务之急。

二、注意果园卫生

果园卫生包括清除病株残体，摘除树上残留的病果、虫果、虫叶苞，清扫落叶，深耕除草，砍除转主寄主等措施，其目的在于及时消灭和减少初始的病虫来源。例如，苹果树腐烂病和轮纹病的流行与果园菌量多少有密切的关系，如果在果园堆放大量修剪下来的病枝，必然会增加果园中的菌量，加重病害的流行。斑点落叶病菌和褐斑病菌等病菌都可在落叶中越冬，山楂叶螨等害虫在树皮缝中越冬，因此，及时处理病枝、刮治病疤、清扫并深埋落叶、刮除粗皮翘皮，可以明显减少上述病虫害的发生和流行。受到病菌或害虫的为害，果实在成熟前常常脱落，应每周清理一次果园中脱落的病虫果，用于饲喂家畜或积肥。通过清除病果可以减少病原菌及直接为害果实的害虫的虫口密度。

　　在刮粗翘皮时，一定不要伤及健康树皮，因为很多病菌如腐烂病菌、轮纹病菌和病毒都可以通过伤口侵染。刮皮工具是造成病害传播的重要途径，因此，刮粗翘皮不要变成刮树皮。有些果农对出现轮纹病病瘤的树皮进行刮除，刮后再用药，由于刮皮很重加上涂药较多，造成死树的情况不在少数。

捡拾落果虫果

刮树皮

三、合理修剪

合理修剪，可以调节树体的营养分配，促进树体的生长发育，调节结果量。夏季修剪可以改善通风透光状况和降低湿度，从而减轻苹果早期落叶病和煤污病等病害的发生。此外，结合修剪还可以去掉病枝、病梢、病芽和僵果等，减少了病虫的基数。休眠期修剪疏枝可以使杀虫剂、杀菌剂更好地在树冠分布，能更有效地发挥防控作用。

但是，修剪所造成的伤口是许多病菌的侵入口。冬季修剪是果园最常规的管理工序，很多人对于冬剪传病的情况没有认识，以为冬季果树处于休眠期，病菌也在休眠不会造成病害的传染，实际上这是非常错误的。根据曹克强等（2012）的研究发现，冬季腐烂病菌的分生孢子能够释放，在0～10℃条件下能够萌发，病菌在11月至翌年1月通过修剪工具造成的腐烂病传染率远高于2～3月的传病率。因此，要尽量避免在寒冬修剪，提倡在早春修剪，这样有利于伤口愈合。修剪的剪口必须要平滑，并贴近上一级主枝，使之易于愈合。还要避免在同侧或相对位置同时去掉大枝，这样伤口很难愈合。修剪过重或不合理会严重削弱树势，在剪锯口部位容易发生腐烂病、干腐病、日灼或冻害。修剪过程又是腐烂病、轮纹病和病毒病传播的重要途径，剪了病枝的剪刀要经过酒精或修剪工具消毒液消毒后才能再修剪健枝，对剪锯口一定要涂药保护。

四、合理施肥和灌水

施肥和灌水对果树的作用不言而喻，但是真正要做到合理施肥和灌水却是一个非常复杂的问题。我国90%以上的苹果分布在渤海湾、黄河故道和黄土高原产区。渤海湾和黄河故道产区的特点是春季干旱，降雨主要集中在夏季，春季进行灌溉的果园能够保证果树春季的健康生长，但是遇到干旱年份，如山东淄博2015年春季干旱，很多果园灌溉跟不上就影响了果树春季的生长。渤海湾和黄河故道产区的夏季多雨，果树在这个季节是需要停止进行花芽分化的时期，遇到过多的水分，果树的秋梢生长过旺，容易造成果园密闭，不利于成花成果。很多果园还有春季大量施肥的习惯，加上夏季较多的水分，果树徒长严重，形成很多枝条，不得不在冬季剪除，既增加了工作量，又降低了肥水的转化效率。我们希望所施用的肥水更多地转化为果实，但是，实际很大部分的营养促进了枝条生长。过多化肥的使用导致了土壤酸化，合理施肥是一个迫切需要解决的问题。黄土高原产区的特点是日照充足，昼夜温差大，生产的果品质量较高，但是其自然条件，也是春季干旱，降雨主要集中在夏秋季节，很多地区春季缺乏灌溉条件。虽然该地土层深厚，具有一定的调节能力，但是，春季水分的缺乏已经成为该地苹果生产的限制性因素。另外，由于黄土高原地区苹果种植面积大，其他植物偏少，有机肥源不足，果园有机肥的投入不足。

合理的水肥管理，可以调整果树的营养状况，提高抗病能力，起到壮树防病的作用。

果园的水分状况和灌排制度，影响病害的发生和发展。例如苹果白绢病、白纹羽病、紫纹羽病、圆斑根腐病，在果园积水的条件下发生较重，适当控制灌水，及时排除积水，翻耕根围土壤，可以大大减轻其为害。以上病害的病菌还可随流水传播，因此灌水时应注意水流方向，不使病原随水由病树流到健树树干附近，可以避免其传播。现代化的矮砧栽植要求起垄栽培，适当提高树干位置，对于避免树体间传播根腐病很有好处。在生长季节，大水漫灌会影响苹果根系的呼吸，导致黄叶病发生。在北方果区，树体进入休眠期前灌水过多，造成枝条柔嫩，树体充水，严冬易受冻害，加重枝干病害的发生，应该适当控制灌水量。

合理施用肥料，对果树的生长发育及其抗病性的提高，有很大的作用。偏施氮肥，易造成枝条徒长、组织柔嫩，降低其抗病性。适当增施磷、钾肥和微量元素，多施有机肥料，可以改良土壤，促进根系发育，提高抗病性。

在施肥上目前特别强调秋施肥，在苹果秋梢停长期，采用上喷下施的方法补充速效肥料或有机肥料，增加树体营养积累，对于压低苹果树腐烂病的春季高峰，有非常明显的效果。对于缺素症的果树，有针对性地增施肥料和微量元素，可以抑制病害的发展，促使树体恢复正常。

在国外通过叶营养诊断来决定肥料的投入是一个常态。在美国华盛顿苹果产区，由于该地夏季降雨很少，人们可以通过对滴灌和肥料的调控来控制果树的生长节奏，苹果生产人为操控性很强。

五、果园生草

草在果园生长可以降低夏季地表温度，根系的生长能够改良土壤物理结构，使土壤更加疏松，便于机械在果园的操作，还能起到肥水保持作用。尤其对现在推广的矮砧密植果园来说，果园生草是必需的配套措施。但是不同地区种哪几种草更加合适，还需要多观摩和尝试。若不知道哪个草种更适合于本地果园，也可以采取自然生草的模式。果园植草可为有益生物提供食物和栖息地，增加果园生物多样性。有些有益昆虫需要开花植物以完成其生命周期，在果树行间的空地上种植三叶草或其他开花植物，可使许多有益的昆虫（如赤眼蜂）的种群数量增多。若整个季节果园地面都有花朵开放，有益昆虫就有一个取食、隐蔽、繁殖的场所。如有的果园在行间种植了油菜，油菜开花早，把授粉昆虫招引到果园中，同时也为授粉昆虫提供更丰富的食料，等苹果开花时割掉油菜，促使授粉昆虫转到苹果花上授粉。也有人发现，果园种植一些向日葵，绿盲蝽会转到向日葵取食，而减轻对苹果树的为害。

果园生草并不是对草不管理，每年都需要刈割几次，避免草与果树争夺太多的养分，割下来的草一定要回返果园，草腐烂后可以提高果园土壤有机质含量。在草的管理上，如果每次割草都能保留一半不割，在园内总有花朵开放，也能给有益昆虫提供很好的栖息场所。

果园行间生草招引天敌

田间释放壁蜂授粉

六、适期采收和合理储藏

苹果采收过早或过晚、储藏场所温度过高、通风不良等均能引起果品生理活动不正常，往往使苹果虎皮病、红玉斑点病等非传染性病害发生较重。很多引起腐烂的病菌是弱寄生菌，必须从伤口侵入。因此，在果品采收、包装、运输过程中造成的伤口，往往加重各种霉菌（如青霉）的发生。

苹果的采收主要根据不同品种的生长天数、果个、着色、可溶性固形物含量、硬度、种子成熟度、风味等来确定，但实际上受市场价格的影响很大。国外普遍采用根据果实淀粉含量来确定采摘期，我国目前很少应用。为了保证果品的质量，根据果实特性确定采摘期将是一个发展方向。

为了保证储藏的安全，就必须从各个方面严加注意。病果、虫果、伤果不储藏，藏前进行药剂处理，推广气调储藏，保持适宜的温湿度等，都能减轻储藏期病害的发生和为害程度。在实践中发现，如果将果箱内的果实放在一个大的塑料袋内，会减少果实的失水，在同等室温条件下能够延长果实的储存期。

七、选育和利用抗病品种和抗性砧木

选育和利用抗病品种，是苹果病害防治的重要途径之一。不同的苹果品种对病害的抗性有很大差异。因此，可以充分利用品种的抗病性，达到预防病害的目的。根据多年的观察，我国主要苹果品种对不同病害的抗性如表2-2所示。

表2-2　我国主要苹果品种对不同病害的抗病性

苹果品种	病害									
	斑点落叶病	褐斑病	轮纹病	腐烂病	白粉病	霉心病	苦痘病	黄叶病	锈果病	炭疽叶枯病
富士	中	感	感	感	中	中	中	感	中	抗
王林	感	中	中	感	感	—	—	—	中	抗
斗南	中	中	感	感	感	感	感	中	中	抗
嘎拉	中	感	中	抗	中	—	—	—	—	感
国光	抗	感	中	抗	感	抗	感	感	—	抗
黄元帅	感	抗	中	感	中	感	感	感	感	感
新红星	感	感	中	抗	中	感	—	感	—	中
乔纳金	中	中	抗	中	—	—	感	中	中	感
秦冠	中	抗	抗	中	抗	—	—	—	—	感
寒富	中	中	抗	抗	—	—	—	中	抗	抗
金红	抗	抗	—	感	—	—	—	—	—	—
黄太平	感	—	—	感	—	—	—	感	—	—
美国8号	抗	—	抗	—	抗	—	—	—	—	抗
藤木1号	感	—	中	中	抗	—	—	—	—	抗

(续)

苹果品种	病　害									
	斑点落叶病	褐斑病	轮纹病	腐烂病	白粉病	霉心病	苦痘病	黄叶病	锈果病	炭疽叶枯病
金矮生	中	抗	中	感	中	抗	感	感	感	抗
华冠	中	抗	中	感	中	感	感	中	感	中
澳洲青苹	感	感	中	中	—	—	感	—	中	抗

注　感：感病，中：中抗，抗：抗病，—：抗性不详。

苹果重茬病是老果园种植新树所遇到的最大的一个难题，现在我国不少果区都面临老果园更新改造，克服重茬病成为生产上的当务之急。

除了通过施用土壤消毒剂、拮抗性生物菌剂以外，利用抗性砧木应该是最为便捷和低成本的防病措施。国外已经选育出抗重茬病较强的砧木，如Geneva系列，国内在这方面还缺乏研究，应引起足够重视。对于苹果枝干轮纹病，烟台和保定试验站已选育出抗性较好的材料，今后有待于进一步推广应用。

生 物 防 治

生物防治是利用有益生物及生物代谢产物来控制有害生物的方法，包括传统的天敌、有益菌和近年出现的昆虫不育、昆虫激素及信息素等的利用。

生物防治不污染环境，对人畜及农作物安全，不容易引起抗药性，对天敌及其他有益生物相对友好。但是，生物防治也存在着一定的局限性。天敌、寄主、环境之间的相互关系比较复杂，受到多种因素的影响，在利用上涉及的问题较多，如杀虫、杀菌作用较缓慢，杀虫、杀菌范围较窄，不容易批量生产，储存运输也受限制等。

一、利用天敌昆虫

到目前为止，利用天敌昆虫防治害虫是生物防治中应用最广和最多的方法。效果较好的捕食性天敌昆虫主要有瓢虫、草蛉、食蚜蝇、小花蝽等。寄生性天敌昆虫大多属膜翅目和双翅目，被广泛利用的主要是寄生蜂，如利用周氏啮小蜂防控美国白蛾。由中国林业科学研究院杨忠歧研究员主持，从20世纪90年代开始，从生物控制的角度出发，系统地调查了美国白蛾寄生性天敌，从其卵、幼虫和蛹中饲养出了多种天敌。经过筛选，发现了一种寄生率高、出蜂量大、能有效控制美国白蛾的蛹寄生蜂——白蛾周氏啮小蜂。这种小蜂可以找到在各种隐蔽场所化蛹的美国白蛾，产卵寄生美国白蛾蛹。该项研究成果保护生态环境，不杀伤天敌，是防治美国白蛾的先进技术。对周氏啮小蜂的饲养现已实现产业化，在美国白蛾的防控上发挥了非常大的作用。赤眼蜂早在20世纪70年代就已经大量人工繁殖，用于防治果园内鳞翅目害虫卵。用来防控果园中的有害螨类的塔六点蓟马，现在已经在郑州果树研究所实现小批量生产，在生产中发挥了一定作用。

天敌昆虫的利用途径包括：①保护利用自然天敌昆虫；②天敌昆虫的引进和移殖；③天敌昆虫的繁殖与释放。在国外，经常见到果园树上悬挂一些昆虫天敌的庇护场所，主要用于帮助天敌越冬。如适合于螳螂越冬的花盆，下面放有干草，有些果园在树干上绑瓦楞纸，这些措施有利于蜘蛛和一些天敌昆虫越冬。

田间释放赤眼蜂防治害虫

捕食绣线菊蚜的异色瓢虫

被蚜小蜂寄生的苹果绵蚜

二、有益微生物的筛选和利用

目前利用有益微生物防治病虫害主要有2种途径：一是发挥其持续作用把有害生物种群控制在较低水平；二是使用微生物农药在短期内大量杀伤有害生物。有益微生物的种类较多，有真菌、细菌、病毒、立克次体、原生动物和线虫等。

1. **细菌**　用于防治病害的细菌较多，其中芽孢杆菌的应用最为广泛，截至2016年12月31日，以芽孢杆菌为有效成分的农药有效登记331项，其中杀菌剂103项，杀虫杀螨剂148项，卫生杀虫剂19项，另外苏云金芽孢杆菌与化学农药混配杀虫杀螨剂61项。其次，荧光假单胞杆菌有5项杀菌剂登记。也有利用链霉菌防治苹果病害的研究，尤其在苹果树腐烂病的防治方面，已经筛选出一些链霉菌菌株，但尚未进行杀菌剂登记。已经被开发利用控制害虫的主要有苏云金芽孢杆菌（Bt）、球形芽孢杆菌、金龟子芽孢杆菌等。苏云金芽孢杆菌是世界上用途最广、产量最大、应用最成功的微生物杀虫剂，该制剂占微生物杀虫剂总量的95%以上，已有多个国家登记了120多个品种，而且用于防治苹果小卷叶蛾、桃小食心虫及刺蛾等鳞翅目果树害虫效果良好。在果园中主要用于防治鳞翅目害虫。

2. **真菌**　木霉菌是病害生物防治中使用最为普遍的真菌种类，目前有效杀菌剂登记13项。寡雄腐霉是近年来用于病害防治的一种较为新型的生防真菌，目前有3项杀菌剂登记。淡紫拟青霉登记在杀菌剂、杀虫剂和杀线虫剂上，是一种寄生谱广泛的生防真菌。昆虫病原真菌是一类寄生谱较广、具触杀性的微生物，全世界记载的杀虫真菌有100多个属800多个种，其中已经被开发利用的种类主要有白僵菌、绿僵菌、拟青霉及座壳孢菌。在果树害虫防治中常用的是球孢白僵菌和绿僵菌，白僵菌孢子同石硫合剂等混喷时防治苹果树靳氏苔螨效果好；利用绿僵菌防治苹果桃小食心虫在实验室和田间都取得良好效果。目前我国绿僵菌杀虫剂登记14项，白僵菌杀虫剂登记16项。

3. **病毒**　昆虫病毒是一类以昆虫为寄主的病毒类群，对害虫具有高度的专一性，并且在一定条件下能反复感染，在害虫群体中造成流行病，对害虫种群有持久的控制作用。但使用病毒杀虫剂也有一定缺点，如寄主范围窄，施用效果易受外界环境影响等。目前，研究较多且应用较为普遍的有核型多角体病毒、颗粒体病毒及质型多角体病毒。核型多角体病毒主要用于防治农业害虫和林业害虫，颗粒体病毒主要用于防治菜青虫、小菜蛾等蔬菜害虫。近年来，我国已开发出20多种病毒杀虫剂，但在果树害虫防治上应用的昆虫病毒较少。在欧洲和北美地区，苹果蠹蛾颗粒体病毒（CpGV）制剂Madex HP、CarpovirusineTM evo2和Carpovirusine被广泛应用在果园中的苹果蠹蛾和梨小食心虫的防治上。真菌病毒的研究近年来研究逐渐深入，在病毒分类、传播、检测技术、与寄主互作等领域都取得了很大进展。但在苹果真菌病害方面还研究较少，只在白纹羽病菌与病毒互作方面开展了一些研究，但这些研究距离利用真菌病毒防治病害方面还有一定距离，尚无杀菌剂登记。

4. **昆虫病原线虫**　昆虫病原线虫指以昆虫为寄主的致病性线虫。昆虫病原线虫以侵染期虫态存活于土壤中，寻找并入侵昆虫寄主。进入昆虫体内后，肠内共生菌会在昆虫的血体腔中大量繁殖，产生毒素致昆虫死亡，并分解昆虫组织，以作为线虫食物来源。国际上常用于防治害虫的线虫主要有斯氏线虫科斯氏线虫属和异小杆线虫科异小杆线虫属的线虫。这些线虫对寄主特别是对土栖性及钻蛀性害虫，具有主动搜寻能力，可规模化培养，使用方便，对人畜安全，不污染环境，在美国是免注册产品。目前已开发出了不少杀虫线虫品种，均得到正式注册。在工业化国家生物农药市场上，这类线虫的市场销售额仅次于苏云金芽孢杆菌，占第二位。在我国，山东等地曾利用小卷蛾斯氏线虫和异小杆线虫H06泰山1号喷施于果园土表，成功防治桃小食心虫入土老熟幼虫。

三、利用其他有益动物

节肢动物门蛛形纲中的蜘蛛及蜱螨类中的一些种类对害虫有很好的控制作用，已受到人们的重视。目前已经大面积商业化应用的捕食螨主要有巴氏新小绥螨和黄瓜新小绥螨（胡瓜钝绥螨），释放于果园中用于防治苹果害螨。食虫益鸟如大山雀、杜鹃、啄木鸟等和某些两栖类动物如青蛙、蟾蜍等在捕食害虫方面也有一定的作用。

释放捕食螨防治叶螨

果园内养鸡治虫

四、昆虫不育技术

利用昆虫不育方法防治害虫的技术有人称为自灭防治法或自毁技术。昆虫不育防治就是利用多种的特异方法破坏昆虫的生殖腺的生理功能，使雄性不产生精子、雌性不排卵，或受精卵不能正常发育。将这些大量不育个体释放到自然种群中去交配造成后代不育，经若干代连续释放后，使害虫的种群数量一再减少，甚至最后导致种群消失。昆虫不育的方法包括辐射不育、化学不育、遗传不育和杂交不育。

五、利用昆虫激素

昆虫激素的种类很多，根据激素的分泌及作用过程可分为内激素（又称昆虫生长调节剂）和外激素（又称昆虫信息素）两大类。在害虫防治工作中研究和应用较多的是保幼激素和性外激素。

1. 保幼激素 昆虫保幼激素作为杀虫剂多是选择昆虫在正常情况下不存在激素或只存在少量激素的发育阶段（幼虫末期和蛹期）中使用过量保幼激素，抑制昆虫的变态或蜕皮，影响昆虫的生殖或滞育，如杀虫剂灭幼脲。

2. 性外激素 性外激素也称为性信息素，人工合成的性外激素称为性诱剂。目前全世界已经鉴定和合成的昆虫性外激素有数千种，我国研制成功的昆虫性诱剂也有近百种。目前昆虫性外激素已被广泛应用于害虫监测和害虫控制。应用性外激素可以预测害虫发生期、发生量及分布为害范围，是一种有效的监测特定害虫出现时间和数量的方法。在果园，已经广泛使用性诱剂对多种鳞翅目害虫的发生动态进行监测，以便确定防治适期；还可以用性诱剂对检疫性害虫进行疫情监控，例如我国多地利用苹果蠹蛾性诱剂对苹果蠹蛾的疫情进行监测监管。在害虫防治方面，可以利用性诱剂直接诱杀雄虫，降低害虫的交配率和子代幼虫的密度，达到控制害虫的效果。此外还可以通过迷向法干扰靶标害虫的交配，即在成虫发生期，在田间悬挂高剂量的性诱剂迷向丝，干扰破坏雌雄害虫正常的通信联系，使其不能正常交配和繁衍后代，达到控制害虫种群数量的目的。如国内外对苹果蠹蛾、梨小食心虫已广泛使用性激素进行预测和防控。

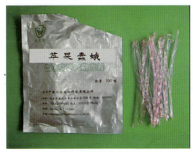

苹果蠹蛾迷向丝

性诱剂诱芯

苹果园挂迷向丝防治苹果蠹蛾

性诱剂诱杀害虫

梨小食心虫性诱剂诱捕器诱杀梨小食心虫雄蛾

金纹细蛾性诱剂诱捕器诱杀金纹细蛾成虫

涂抹苹果蠹蛾微胶囊迷向剂

性诱剂诱捕监测害虫

实蝇监测专用工具

六、利用农用抗生素

农用抗生素是微生物在代谢过程中所产生的具有杀虫或抑菌作用的次生代谢产物。农用抗生素具有高效、选择性强、易分解、安全等优点。在果树病虫害防治中常用的杀虫抗生素有阿维菌素、多杀菌素、浏阳霉素、华光霉素等；抑菌类农用抗生素有多抗霉素、春雷霉素、中生菌素、井冈霉素、农抗120、农用链霉素等。其中多抗霉素是防治苹果斑点落叶病的主要药剂种类，农抗120被用于防治苹果树腐烂病，春雷霉素、中生菌素和农用链霉素等可用于防治苹果根癌病。

物 理 防 治

物理防治是利用各种物理因子、人工或器械防治有害生物的方法。包括捕杀、诱杀、阻隔分离、热力处理和其他技术。

一、捕杀

人工、机械捕杀是根据害虫的栖息地或活动习性，直接用人工或用简单器械捕杀。例如，对黑绒金龟子的防治，可利用其假死性，在傍晚进行人工捕杀；对桑天牛可用天牛钩杀器进行钩杀。

钩杀天牛

天牛钩杀器

用牙签或铁丝挑桑天牛产卵痕

二、诱杀

诱杀主要是利用害虫的某种趋性或习性如潜藏、产卵、越冬等对环境条件的要求，采取适当的方法诱集，然后集中处理，也可结合化学药剂诱杀。

（1）趋光性的利用。多数夜间活动的昆虫有趋光性，可用灯光诱集，如蛾类、金龟子、蝼蛄、叶蝉和飞虱等。

（2）其他趋性和习性的利用。如在秋季将瓦楞纸或碎布条绑于树干上，可以诱集多种昆虫和螨类在此越冬，进而可以在冬季将诱虫带取下把害虫集中消灭。陕西省大面积推广诱虫带防除叶螨类害虫，通过9月在主干捆绑由瓦楞纸制作的诱虫带，11月摘除并销毁的方式，大大减少了生长季使用杀虫杀螨剂的次数。利用害虫的趋化性也是常用的一种诱杀措施。

在苹果园安装太阳能诱虫灯诱杀害虫

诱虫灯诱集的鳞翅目昆虫

高压汞灯诱集的铜绿丽金龟及其他昆虫

瓦楞纸诱虫带诱集越冬害虫

瓦楞纸诱虫带诱集的山楂叶螨越冬雌螨

三、阻隔分离

阻隔分离是指掌握害虫的活动规律，设置适当的障碍物，阻止害虫扩散蔓延和为害，或直接消灭的方法。例如，果实套袋可阻止食心虫在果实上产卵，也阻断了病菌对果实的侵入途

枝干涂粘虫胶粘杀梨小食心虫和苹果蠹蛾幼虫

径，使蛀果率降低，果实轮纹病、炭疽病发生大幅度减轻；在树干上涂胶、刷白，可防止果树害虫下树越冬或上树为害、产卵。这些方法都有很好的防病虫效果。

新栽的幼树套袋预防黑绒鳃金龟成虫啃食芽和嫩叶

四、热力处理

热力处理也是防治多种病害的有效方法，主要用于带病的种子、苗木、接穗等繁殖材料的热力消毒。

五、其他技术

应用红外线、紫外线、X射线以及激光技术处理害虫，除能造成害虫不育外，还能直接杀死害虫。利用外科手术是防治树干病害的必要手段。如治疗苹果树腐烂病，可以直接用快刀将病组织刮干净，在刮后及时涂药以提高刮治效果。对枝干轮纹病的防治也需要先浅刮病瘤，然后涂抹药剂。

化 学 防 治

化学防治是利用化学药剂来防治有害生物。根据作用靶标的不同，化学药剂又分为杀菌剂、杀虫剂、除草剂、杀螨剂、杀鼠剂等。按作用方式分类，杀菌剂又分为保护剂和治疗剂；杀虫剂分为胃毒剂、触杀剂、熏蒸剂、内吸剂、引诱剂、驱避剂、拒食剂、不育剂等。保护剂主要是抑制病原菌的孢子萌发和侵入，药剂不能在植物体传导，因此，必须在病原物侵染植物之前使用。治疗剂又称系统性杀菌剂，可以对已经侵入的病原菌产生抑制和杀死的作用，治疗剂的使用也有一定的时限，一般在病菌侵染48小时内能够抑制病菌在植物组织内的扩展，超过这个时段后，药效将大幅度下降。有些病原菌侵染的潜伏期很短，如苹果炭疽叶枯病，病菌侵染后3天即可引起发病，对这类病害的防控主要使用保护剂，用治疗剂往往来不及控制。胃毒剂是通过昆虫消化器官将药剂吸收而发挥毒杀作用；触杀剂主要是药剂接触到昆虫，通过昆虫体表进入体内而发生作用；熏蒸剂以气体状态散发于空气中，通过昆虫的呼吸道进入虫体使其死亡；内吸剂一般是通过药剂被植物的根、茎、叶或种子吸收，当昆虫取食这种植物时，将药剂吸入虫体内使其中毒死亡。另外，引诱剂能将昆虫诱集在一起，以便捕杀或用杀虫剂毒杀；驱避剂能将昆虫驱避开来，使作物或被保护对象免受其害；拒食剂可使昆虫拒绝摄食，从而饥饿而死；不育剂能使昆虫失去生育能力，从而降低害虫数量。

化学防治在害虫综合防治中仍占有重要地位，是当前国内外广泛应用的一类防治方法。化学防治具有许多优点：①收效快，防治效果显著。②使用方便，受地区及季节性的限制较小。③可以大面积使用，便于机械化。④作用范围广，几乎所有病虫害都可利用化学农药来防治。⑤化学药剂可以大规模工业化生产，品种和剂型多，能远距离运输，且可长期保存。

但化学防治也存在不少缺点：①长期广泛使用化学农药，易使一些害虫对农药产生抗药性。②应用广谱性化学药剂，在防治病虫害的同时也杀死害虫的天敌和益菌，易出现一些主要病虫害再猖獗和次要病虫害上升为主要病虫害的现象。③长期广泛大量使用化学农药，易污染大气、水域、土壤，对人畜健康造成威胁，甚至中毒死亡。

按农药的来源及化学性质进行分类，农药又分为无机农药、有机农药等。

（1）无机农药。农药中的有效成分是无机化合物，大多数由矿物原料加工而成。波尔多液和石硫合剂是目前苹果上用得最多的无机农药。总的来看，无机农药品种少，有些药剂如砷酸钙、砷酸铅和氟化钠等药效低，毒性大，不安全，已逐步被有机农药、微生物农药取代。

（2）有机农药。农药中的有效成分是有机化合物。依据来源可分为天然有机农药和人工合成有机农药。天然有机农药包括植物性（如苦参、鱼藤、除虫菊和烟草等）和矿物油两类。人工合成有机杀虫剂种类很多，按有效成分又可分为有机氯类、有机磷类、氨基甲酸酯类、拟除虫菊酯类、沙蚕毒素类等。人工合成有机杀菌剂包括有机硫类、有机氯类、有机磷类、有机锡类、酰胺类、酰亚胺类、取代苯类、苯并咪唑类、三唑类、杂环类等杀菌剂。有机除草剂包括2,4-滴、丁草胺、苄嘧磺隆等。

有机农药具有药效高、见效快、用量少、用途广等特点，已成为使用最多的一类农药。缺点是使用不当会污染环境和植物产品。某些有机农药对人、畜的毒性高，对有益生物和天敌没有选择性。如过去人们普遍使用福美胂来防控苹果树腐烂病，由于该药毒性大，已被国家禁止生产、销售和使用。目前，在苹果园使用的高效、低毒、低残留有机农药有甲基硫菌灵、代森锰锌、戊唑醇、多菌灵、己唑醇、百菌清、醚菌酯等杀菌剂，吡虫啉、啶虫脒、氟啶虫酰胺、氯虫苯甲酰胺等杀虫剂，炔螨特、哒螨灵、双甲脒、四螨嗪等杀螨剂。

参考文献

曹克强, 2012. 主要农作物病虫害简明识别手册：苹果分册 [M].
石家庄：河北科学技术出版社.

董金皋, 2007. 农业植物病理学 [M]. 北京：中国农业出版社.

黄云，徐志宏，2015. 园艺植物保护学 [M]. 北京：中国农业出
版社.

图书在版编目（CIP）数据

苹果病虫害绿色防控彩色图谱／曹克强，王树桐，
王勤英著．—北京：中国农业出版社，2018.1（2020.5
重印）
ISBN 978−7−109−22717−0

Ⅰ．①苹…　Ⅱ．①曹…②王…③王…　Ⅲ．①苹果−
病虫害防治−图谱　Ⅳ．① S436.611−64

中国版本图书馆CIP数据核字（2017）第024366号

中国农业出版社出版
（北京市朝阳区麦子店街18号楼）
（邮政编码 100125）
策划编辑　阎莎莎　张洪光
文字编辑　宋美仙

北京通州皇家印刷厂印刷　新华书店北京发行所发行
2018年1月第1版　2020年5月北京第4次印刷

开本：880 mm×1230 mm 1/32　印张：5.125
字数：88千字
定价：30.00元
（凡本版图书出现印刷、装订错误，请向出版社发行部调换）